上海市建筑标准设计

装配整体式混凝土中小学建筑（教学楼）设计图集

DBJT 08-137-2022

图集号：2022 沪 J113

同济大学出版社

2025　上海

图书在版编目（CIP）数据

装配整体式混凝土中小学建筑（教学楼）设计图集 / 华东建筑设计研究院有限公司，上海建筑设计研究院有限公司主编 . -- 上海：同济大学出版社，2025.4.
ISBN 978-7-5765-1573-2

I. TU244.2-64

中国国家版本馆 CIP 数据核字第 2025RS2891 号

装配整体式混凝土中小学建筑（教学楼）设计图集

华东建筑设计研究院有限公司
上海建筑设计研究院有限公司 主编

责任编辑　朱　勇
责任校对　徐逢乔
封面设计　陈益平
出版发行　同济大学出版社　www.tongjipress.com.cn
　　　　　（地址：上海市四平路1239号　邮编：200092　电话：021-65985622）
经　　销　全国各地新华书店
印　　刷　常熟市华顺印刷有限公司
开　　本　787mm×1092mm　1/8
印　　张　14
字　　数　280 000
版　　次　2025年4月第1版
印　　次　2025年4月第1次印刷
书　　号　ISBN 978-7-5765-1573-2
定　　价　150.00元

本书若有印装质量问题，请向本社发行部调换　　版权所有　侵权必究

上海市住房和城乡建设管理委员会文件

沪建标定〔2022〕707 号

上海市住房和城乡建设管理委员会
关于批准《装配整体式混凝土中小学建筑（教学楼）设计图集》
为上海市建筑标准设计的通知

各有关单位：

由华东建筑设计研究院有限公司、上海建筑设计研究院有限公司主编的《装配整体式混凝土中小学建筑（教学楼）设计图集》，经我委审核，现批准为上海市建筑标准设计，统一编号为 DBJT 08-137-2022，图集号 2022 沪 J113，自 2023 年 5 月 1 日起实施。

本标准设计由上海市住房和城乡建设管理委员会负责管理，华东建筑设计研究院有限公司负责解释。

上海市住房和城乡建设管理委员会
2022 年 12 月 7 日

前 言

根据上海市住房和城乡建设管理委员会《关于印发〈2019年上海市工程建设规范、建筑标准设计编制计划〉的通知》(沪建标定〔2018〕753号)的要求,编制组在深入调研、认真总结实践经验、参考国内先进标准和广泛征求意见的基础上,编制了本图集。

本图集的主要内容有:编制总说明;建筑示例(普通教学楼、专业教学楼);结构示例(普通教学楼、专业教学楼)。

各单位及其相关人员在执行本图集过程中,如有意见和建议,请反馈至上海市住房和城乡建设管理委员会(地址:上海市大沽路100号;邮编:200003;E-mail: shjsbzgl@163.com),华东建筑设计研究院有限公司(地址:上海市中山南路1799号;邮编:200011;E-mail: kczx@arcplus.com.cn),上海市建筑建材业市场管理总站(地址:上海市小木桥路683号;邮编:200032;E-mail: shgcbz@163.com),以供今后修订时参考。

主 编 单 位:华东建筑设计研究院有限公司
　　　　　　　上海建筑设计研究院有限公司
主要起草人:王平山　潘嘉凝　李　军　苏　昶　卢　旦　沈逸斐　李进军　李　旎　马　骞　白　杨　徐晓珂
　　　　　　王　俊　苏　骏　王万平　刘　雯　姚　军　谭春晖　龚　娅　王沁平　贾　京　于　亮

装配整体式混凝土中小学建筑（教学楼）设计图集

批准部门：上海市住房和城乡建设管理委员会　　批准文号：沪建标定〔2022〕707号

主编单位：华东建筑设计研究院有限公司　　统一编号：DBJT 08-137-2022
　　　　　上海建筑设计研究院有限公司

实施日期：2023年5月1日　　图集号：2022沪J113

目　录

目录	页码
目录	1
编制总说明	3

建筑示例

建筑专业施工图示例

建筑专业施工图设计说明	7
总平面图	11

普通教学楼

普通教学楼　一层平面图、二～四层平面图	12
普通教学楼　屋面机房层平面图、屋顶平面图	13
普通教学楼　一层平面放大图	14
普通教学楼　二～四层平面放大图	15
普通教学楼　标准层预制构件组合分析图	16
普通教学楼　普通教室预制构件组合分析图	17
普通教学楼　南立面图	18
普通教学楼　北立面图	19
普通教学楼　东立面图、西立面图	20
普通教学楼　1-1剖面图	21
普通教学楼　2-2剖面图	22
普通教学楼　普通教室放大平面图	23
普通教学楼　普通教室放大平顶图	24
普通教学楼　普通教室立面大样图	25
普通教学楼　楼梯平面详图	26
普通教学楼　楼梯A-A剖面图	28

专业教学楼

专业教学楼　一层平面图	29
专业教学楼　二层平面图	30
专业教学楼　三层平面图	31
专业教学楼　四层平面图	32
专业教学楼　屋顶平面图	33
专业教学楼　标准层预制构件组合分析图	34
专业教学楼　美术教室预制构件组合分析图	35
专业教学楼　南立面图	36
专业教学楼　北立面图	37
专业教学楼　东立面图、西立面图	38
专业教学楼　1-1剖面图、2-2剖面图	39
专业教学楼　美术教室放大平面图	40
专业教学楼　美术教室放大平顶图	41
专业教学楼　美术教室立面大样图	42
专业教学楼　楼梯平面详图	43
专业教学楼　楼梯A-A剖面图	45

结构示例

结构专业施工图示例

结构专业施工图设计说明 46

普通教学楼

普通教学楼 二层预制楼板平面布置图 51
普通教学楼 三层预制楼板平面布置图 53
普通教学楼 四层预制楼板平面布置图 55
普通教学楼 二层预制梁平面布置图 57
普通教学楼 三层预制梁平面布置图 59
普通教学楼 四层预制梁平面布置图 61
普通教学楼 一层预制柱平面布置图 63
普通教学楼 二层预制柱平面布置图 65
普通教学楼 三层预制柱平面布置图 67
普通教学楼 四层预制柱平面布置图 69
普通教学楼 一层预制墙平面布置图 71
普通教学楼 二层预制墙平面布置图 73
普通教学楼 三层预制墙平面布置图 75
普通教学楼 四层预制墙平面布置图 77

专业教学楼

专业教学楼 二层预制楼板平面布置图 79
专业教学楼 三层预制楼板平面布置图 80
专业教学楼 四层预制楼板平面布置图 81
专业教学楼 二层预制梁平面布置图 82
专业教学楼 三层预制梁平面布置图 83
专业教学楼 四层预制梁平面布置图 84
专业教学楼 一层预制柱平面布置图 85
专业教学楼 二层预制柱平面布置图 86
专业教学楼 三层预制柱平面布置图 87
专业教学楼 四层预制柱平面布置图 88
专业教学楼 一层预制墙平面布置图 89
专业教学楼 二层预制墙平面布置图 90
专业教学楼 三层预制墙平面布置图 91
专业教学楼 四层预制墙平面布置图 92
叠合板详图 93
预制梁详图 94
预制柱详图 95
预制外挂墙板详图 96
预制内嵌墙板详图 98
预制楼梯详图 100
预制栏板详图 101
节点构造 102

编制总说明

1 设计依据

1.1 本图集根据上海市住房和城乡建设管理委员会《关于印发〈2019年上海市工程建设规范、建筑标准设计编制计划〉的通知》（沪建标定〔2018〕753号）的要求进行编制。

1.2 本图集依据的主要标准、规范、规程及政府主管部门的规范性文件如下：

《建筑设计防火规范》	GB 50016
《中小学校设计规范》	GB 50099
《无障碍设计规范》	GB 50763
《民用建筑热工设计规范》	GB 50176
《民用建筑设计统一标准》	GB 50352
《公共建筑节能设计标准》	GB 50189
《建筑模数协调标准》	GB/T 50002
《装配式混凝土建筑技术标准》	GB/T 51231
《房屋建筑制图统一标准》	GB/T 50001
《建筑玻璃应用技术规程》	JGJ 113
《装配式混凝土结构技术规程》	JGJ 1
《装配整体式混凝土公共建筑设计规程》	DGJ 08-2154
《建筑抗震设计标准》	DG/TJ 08-9
《装配整体式混凝土结构预制构件制作与质量检验规程》	DGJ 08-2069
《装配整体式混凝土结构施工及质量验收标准》	DG/TJ 08-2117
《预制混凝土夹心保温外墙板应用技术标准》	DG/TJ 08-2158
《普通中小学校建设标准》	DG/TJ 08-12
《装配整体式混凝土建筑检测技术标准》	DG/TJ 08-2252
《促进本市城乡义务教育一体化的实施意见（暂行）》	沪教委发〔2015〕139号
《上海市装配式混凝土建筑工程设计文件编制深度规定》	沪建管〔2015〕182号

当依据的标准、规范进行修订或有新的标准、规范颁布实施时，本图集与现行工程建设标准不符的内容、限制或淘汰的技术或产品，视为无效。工程技术人员在参考使用时，应注意加以区分，并应对本图集相关内容进行复核后选用。

2 编制目的

2.1 为上海市建筑产业现代化提供技术支持，实现建筑领域节能减排、提升建筑品质的目标，并与《装配式混凝土建筑技术标准》GB/T 51231、《装配式混凝土结构技术规程》JGJ 1配套，提高上海市装配整体式混凝土中小学建筑（普通教学楼、专业教学楼）工业化建造的设计水平，推广装配整体式混凝土中小学建筑（普通教学楼、专业教学楼）的设计方法以及推动装配整体式混凝土技术的应用。

2.2 实施装配整体式混凝土建筑设计时，宜优先选择结构单元重复率高的建筑单体。如，中小学建筑中的教学楼。

2.3 本图集提供的装配整体式混凝土中小学建筑（普通教学楼、专业教学楼）设计要点及设计示例，可对广大设计、科研及教学人员深入了解装配整体式混凝土中小学建筑（普通教学楼、专业教学楼）的设计思路、方法及深度起到指导和参考作用。

2.4 本图集中的示例重点表达装配整体式建筑技术要点。项目中的各功能房间配比应结合项目具体情况整体考虑。

3 适用范围

3.1 适用于上海地区采用装配整体式混凝土中小学建筑（普通教学楼、专业教学楼）的设计，不同功能的教学楼或其他类公共建筑可参考借鉴。

3.2 适用于建筑设计行业人员全面地掌握装配整体式混凝土中小学建筑（普通教学楼、专业教学楼）设计的基本过程和图面表达的深度与形式，同时也可作为建筑院校师生的教学辅导资料。

4 编制原则

本图集所选示例在依据国家现行标准的前提下，满足装配整体式混凝土中小学建筑（普通教学楼、专业教学楼）的相关技术、工艺和工法要求，并在技术性、经济性上符合上海市的实际需求。

4.1 符合性原则

本图集主要编制内容符合国家现行标准的要求，并与《装配式混凝土建筑技术标准》GB/T 51231、《装配式混凝土结构技术规程》JGJ 1中有关设计的要求保持一致。

4.2 可持续原则

本图集是对当前上海市装配整体式混凝土中小学建筑（普通教学楼、专业教学楼）设计的梳理与总结，侧重施工图阶段土建施工图的深度表达，随着装配整体式混凝土框架建筑建造技术的进一步发展与提高，本图集将持续完善更新内容。

5 图集内容

5.1 装配整体式混凝土结构可分为装配整体式剪力墙结构、装配整体式框架结构等体系。考虑中小学建筑的功能性、经济性、适应性等因素，本图集选择了装配整体式混凝土框架结构体系，在装配整体式混凝土中小学建筑（普通教学楼、专业教学楼）设计实例的基础上适当调整进行编制。

5.2 本图集以工程实例为蓝本，遵循相关标准、规范和规程，重点突出图集的示范作用，体现装配整体式混凝土中小学建筑（普通教学楼、专业教学楼）设计的特点和设计方法。

6 配套图集

本图集为上海市建筑产业现代化标准设计专项系列图集之一，可配合结构专业《桁架钢筋混凝土叠合板（60mm厚底板）》15G366-1、《预制钢筋混凝土板式楼梯》15G367-1、《预制钢筋混凝土阳台板、空调板及女儿墙》15G368-1、《装配式混凝土结构表示方法及示例（剪力墙结构）》15G107-1、《装配式混凝土结构连接节点构造（2015年合订本）》15G310-1~2、《装配整体式混凝土构件图集》DBJT 08-121、《装配式混凝土结构连接节点构造图集》DBJT 08-126等标准图集共同使用。

7 技术要点

本图集力求帮助设计人员更加全面了解装配整体式混凝土中小学建筑（普通教学楼、专业教学楼）设计原则和方法，并应掌握以下技术要点：

7.1 工作流程

7.1.1 应考虑实现标准化设计、工厂化生产、装配化施工、一体化装修和信息化管理，以全面提高建筑品质，减少建造人工和降低维护成本。

7.1.2 与采用现浇混凝土框架结构教育建筑的建设流程相比，装配整体式混凝土框架结构建筑的建设流程更全面、更精细、更综合，增加了技术策划、工厂生产、一体化装修等过程。

7.1.3 影响装配整体式混凝土中小学建筑（普通教学楼、专业教学楼）实施的因素包括技术水平、生产工艺、生产能力、运输条件、管理水平、建设周期等方面。

7.1.4 在项目前期技术策划中应根据产业化目标、工艺水平和施工能力以及经济性等要求确定预制率或装配率。预制率、装配率在装配式建筑中是比较重要的控制性指标。

7.1.5 设计应在满足其使用功能的前提下实现标准化设计，提高构件与部品的重复使用率，有利于降低造价。

7.1.6 在装配整体式混凝土中小学建筑（普通教学楼、专业教学楼）的建设流程中需要建设、设计、生产、施工和管理等单位精心配合，协同工作。在方案设计阶段之前应增加前期技术策划环节，为配合预制构件的生产加工应增加预制构件加工图纸设计内容。

7.1.7 在建筑设计中，前期技术策划对项目的实施起到十分重要的作用，设计单位应充分了解项目定位、建设规模、产业化目标、成本限额、外部条件等因素，制定合理的建筑设计方案，提高预制构件的标准化程度，并与建设单位共同确定技术实施方案，为后续的设计工作提供依据。

7.1.8 方案设计阶段应根据技术策划要点做好平面设计和立面设计。平面设计在保证满足使用功能的基础上，实现中小学建筑（普通教学楼、专业教学楼）设计中的标准化与系列化，遵循少规格、多组合的设计原则。立面设计宜考虑构件生产加工的可能性，根据装配式建造方式的特点实现立面的个性化和多样化。

7.1.9 初步设计阶段应根据各专业的技术要求进行协同设计。优化预制构件种类，充分考虑设备专业管线预留预埋，可进行专项的经济型评估，分析影响成本的因素，制定合理的技术措施。

7.1.10 施工图设计阶段应按照各专业在初步设计阶段制定的协同设计条件开展工作。各专业根据预制构件、内装部品、设备实施等生产企业提供的设计参数，在施工图中充分考虑各专业预埋要求。建筑专业还应考虑连接节点处的防水、防火、隔声等设计。

7.1.11 建筑专业可根据工程需要为构件加工图设计提供预制构件尺寸控制图，构件加工图设计由设计单位、总包单位、预制构件生产企业等配合设计完成。建筑设计宜采用BIM技术协同完成各专业设计内容，提高设计精确度。

7.2 总平面设计

7.2.1 装配整体式混凝土中小学建筑（普通教学楼、专业教学楼）的规划设计在满足采光、通风、间距、退界等规划要求情况下，宜优先采用教学单元模块进行规划设计。

7.2.2 由于预制构件需要在施工过程中运至塔吊所覆盖的区域内进行吊装，因此在总平面设计中应充分考虑运输通道的设置，合理布置预制构件临时堆场的位置与面积，选择适宜的塔吊位置和吨位，塔吊位置的最终确定应根据现场施工方案进行调整，以达到精确控制构件运输环节，同时提高场地使用效率，确保施工组织便捷及安全。

7.2.3 以安全、经济、合理为原则考虑施工组织流程，保证各施工工序的有效衔接，提高效率。

7.3 平面设计

7.3.1 平面设计应遵循模数协调原则，优化教学单元模块的尺寸和种类，实现预制构件和内装部品的标准化、系列化和通用化，完善建筑工业化配套应用技术，提升工程质量，降低建造成本。

7.3.2 方案设计阶段应对中小学建筑（普通教学楼、专业教学楼）空间按照不同的使用功能进行合理划分，结合设计标准、项目定位及产业化目标等要求，确定模块及其组合形式。

7.4 立面设计

7.4.1 装配整体式混凝土中小学建筑（普通教学楼、专业教学楼）的立面设计应利用标准化、模块化、系列化的套型组合特点，预制外墙板可采用不同饰面材料展现不同肌理与色彩的变化，通过不同外墙构件的灵活组合，实现富有工业化建筑特征的立面效果。

7.4.2 装配整体式混凝土中小学建筑（普通教学楼、专业教学楼）的外墙构件主要包括墙板、门窗装饰构件等。

7.4.3 充分发挥装配整体式混凝土中小学建筑（普通教学楼、专业教学楼）外墙构件的装饰作用，进行立面多样化设计。

7.4.4 立面装饰材料应符合设计要求，预制外墙板宜采用工厂装饰材料反打、装饰混凝土等一体化装饰的生产工艺。当采用反打一次成型的外墙板时，其装饰材料的规格尺寸、材质类别、连接构造等应进行检验，以确保质量。

7.4.5 外墙门窗在满足通风采光的基础上，通过调节门窗尺寸、位置、虚实比例以及窗框分隔形式等设计手法形成一定的灵活性；通过附加装饰构件的方法可实现多样化立面设计效果，满足建筑立面风格差异化的要求。

7.5 预制构件

7.5.1 预制构件设计应充分考虑生产的便利性、可行性以及成品保护的安全性。当构件尺寸较大时，应增加构件脱模及吊装用的预埋吊点的数量。

7.5.2 预制构件的设计应遵循标准化、模数化原则。应尽量减少构件类型，提高构件标准化程度，降低工程造价。对于开洞多、异形、降板等复杂部位，可进行具体设计。注意预制构件重量及尺寸，综合考虑构件加工生产能力及运输、吊装等条件。

7.5.3 预制外墙板应根据上海地区保温隔热要求选择适宜的构造，同时考虑空调留洞及散热器安装预埋件等安装要求。

7.5.4 非承重内墙宜选用自重轻、易于安装、拆卸且隔声性能良好的隔墙板等。可根据使用功能灵活分隔室内空间，非承重内墙板与主体结构的连接应安全可靠，满足抗震及使用要求。

7.5.5 用于卫生间等潮湿空间的墙体面层应具有防水、易清洁的性能。

7.5.6 装配整体式混凝土中小学建筑（普通教学楼、专业教学楼）楼盖宜采用叠合楼板，结构转换层、平面复杂或开间较大的楼层、作为上部结构嵌固部位的地下室顶板层宜采用现浇楼盖。楼板与楼板、楼板与梁间的接缝应保证结构安全性。

7.5.7 叠合楼板应考虑设备管线、吊顶、灯具安装点位的预留、预埋，以满足设备专业的要求。

7.5.8 预制楼梯应确定扶手栏杆的留洞及预埋，楼梯踏面的防滑构造应在工厂预制时一次成型，且采取成品保护措施。

7.6 构造节点

7.6.1 预制构件连接节点的构造设计是装配整体式混凝土中小学建筑（普通教学楼、专业教学楼）的设计关键。预制外墙板的接缝、门窗洞口等防水薄弱部位的构造节点与材料选用应满足建筑的物理性能、力学性能、耐久性能及装饰性能的要求。

7.6.2 预制外墙板的各类接缝设计应满足构造合理、施工方便、坚固耐久的要求，应根据上海地区气候特点等，合理进行节点设计，满足防水及节能要求。

7.6.3 预制外墙板垂直缝宜采用材料防水和构造防水相结合的做法，可采用槽口缝或平口缝；预制外墙板水平缝采用构造防水时，宜采用企口缝或内高外低。

7.6.4 预制外墙板的连接节点应满足保温、防火、防水以及隔声的要求，外墙板连接节点处的密封胶应与混凝土具有相容性及规定的抗剪切和伸缩变形能力，采用硅酮、聚氨酯、聚硫建筑密封胶应分别符合《硅酮和改性硅酮建筑密封胶》GB/T 14683、《聚氨酯建筑密封胶》JC/T 482、《聚硫建筑密封胶》JC/T 483的规定，连接节点处的密封材料在建筑使用过程中应定期进行检查、维护与更换。

7.6.5 外墙板接缝宽度应满足热胀冷缩及风荷载、地震作用等外界环境的要求。

7.6.6 预制外墙板上的门窗安装应确保连接的安全性、耐久性及密闭性。

7.6.7 装配整体式混凝土中小学建筑（普通教学楼、专业教学楼）的外围护结构热工计算应符合国家和上海市建筑节能设计标准的相关要求。当采用预制夹心外墙板时，其保温层宜连续，保温层厚度应满足上海市建筑围护结构节能设计要求。

7.6.8 预制夹心外墙板中的保温材料及接缝处填充用保温材料的燃烧性能、导热系数及体积比、吸水率等应符合《预制混凝土夹心保温外墙板应用技术标准》DG/TJ 08-2158 的规定。

7.7 结构专业协同

7.7.1 装配整体式混凝土中小学建筑（普通教学楼、专业教学楼）的建筑体型、平面布置及构造应符合抗震设计的原则和要求。单元平面宜简洁规整、经济合理，可通过采用套型模块灵活组合的方法，以适合不同场地的建筑布局要求，塑造多样化的建筑形象。中小学建筑（普通教学楼、专业教学楼）抗震设防类别为重点设防，宜采用减隔震技术。

7.7.2 为满足工业化建造的要求，预制构件设计应遵循受力合理、连接可靠、施工方便、少规格、多组合的原则，选择适宜的预制构件尺寸和重量，方便加工、运输，提高工程质量，控制建设成本。

7.7.3 装配式结构施工过程中应采取安全措施，并应符合《建筑机械使用安全技术规程》JGJ 33、《施工现场临时用电安全技术规范》JGJ 46、《建筑施工高处作业安全技术规范》JGJ 80等的有关规定。

7.8 设备专业协同

7.8.1 应考虑公共空间的竖向管井位置及尺寸，便于检修。竖向管线的设置宜相对集中，水平管线宜少交叉。

7.8.2 穿预制构件的管线应预留或预埋套管，穿预制楼板的管道应预留洞，穿预制梁的管道应预留或预埋套管。

7.8.3 管井及吊顶内的设备管线安装应牢固可靠，应设置方便更换、维修的检修门或检修孔等措施。

7.8.4 预制构件设计应考虑内装修要求，确定插座、灯具位置以及网络、电话、有线电视接口等位置。

7.8.5 隔墙内预留有电气设备时，应采取有效措施满足隔声及防火的要求。竖向电气管线统一设置在预制板内，墙板内竖向电气管线布置应保证安全距离。

7.8.6 设备管线穿过楼板的部位，应采取防水、防火、隔声等措施。设备管线宜与预制构件上的预埋构件可靠连接。

8 注意事项

8.1 装配整体式混凝土中小学建筑（普通教学楼、专业教学楼）的设计应符合国家现行标准要求，设计选用的构造做法应满足教育建筑的保温、隔热、防火、防水、隔声等要求。

8.2 建筑节能设计应满足国家现行标准的要求，并应根据上海地区气候条件进行具体节能设计。

8.3 实际工程中，生产及施工单位应结合实际施工方法采取相应的安全操作和防护措施。

8.4 本图集所编制的工程设计示例图中的尺寸不可尺量，设计内容和参数须结合实际工程需要进行调整，图集仅供设计人员参考使用。

8.5 在参考本图集时，应结合具体项目实际情况以及特定地区的设计要求。

8.6 为使设计人员认识BIM技术在装配整体式混凝土中小学建筑（普通教学楼、专业教学楼）设计过程中可提供快速算量、可视化设计虚拟施工、高效协同、有效管控等作用，本图集在示例中适当选取了部分BIM模型图纸，以促进设计人员在实际工程中逐步应用BIM技术。

8.7 施工图示例中仅将有特殊要求的预制构件，需要建筑专业配合绘制的预制构件尺寸控制图，作为附图编制在施工图后，供设计人员参考。

建筑专业施工图设计说明

1 设计依据

1.1 上海市××区发展和改革委员的批复（××发改〔201×〕×××号）。

1.2 上海市××区规土局的批复（沪××规土许方〔201×〕×××号）。

1.3 上海市规划委员会规划许可证（201×规（×）建字××××号）。

1.4 上海市环境保护局关于××建设项目环境影响报告书的批复。

1.5 ××项目设计任务书、各项基础资料和相关评价意见等依据文件。

1.6 国家与地方现行标准规范

《建筑设计防火规范》	GB 50016
《民用建筑设计统一标准》	GB 50352
《中小学校设计规范》	GB 50099
《无障碍设计规范》	GB 50763
《民用建筑热工设计规范》	GB 50176
《屋面工程技术规范》	GB 50345
《建筑地面设计规范》	GB 50037
《民用建筑隔声设计规范》	GB 50118
《建筑内部装修设计防火规范》	GB 50222
《汽车库、修车库、停车场设计防火规范》	GB 50067
《地下工程防水技术规范》	GB 50108
《人民防空地下室设计规范》	GB 50038
《建筑防烟排烟系统技术标准》	GB 51251
《房屋建筑制图统一标准》	GB/T 50001
《建筑模数协调标准》	GB/T 50002
《装配式混凝土建筑技术标准》	GB/T 51231
《装配式建筑评价标准》	GB/T 51129
《绿色建筑评价标准》	GB/T 50378
《建筑外门窗气密、水密、抗风压性能检测方法》	GB/T 7106
《建筑工程建筑面积计算规范》	GB/T 50353
《办公建筑设计标准》	JGJ/T 67
《商店建筑设计规范》	JGJ 48
《饮食建筑设计标准》	JGJ 64
《车库建筑设计规范》	JGJ/T 100
《建筑玻璃应用技术规程》	JGJ 113
《公共建筑节能设计标准》	DGJ 08-107
《装配整体式混凝土公共建筑设计规程》	DG/TJ 08-2154
《预制混凝土夹心保温外墙板应用技术标准》	DG/TJ 08
《无障碍设施设计标准》	DGJ 08-103
《普通中小学校建设标准》	DG/TJ 08-12
《建筑工程交通设计及停车库（场）设置标准》	DG/TJ 08-7
《公共建筑绿色设计标准》	DGJ 08-2143
《平战结合人民防空工程设计规范》	DB11/994
《上海市装配式混凝土建筑工程设计文件编制深度规定》	沪建管〔2015〕182号
《上海市城市规划管理技术规定（土地使用 建筑管理）》（2011修订版）	
《上海市日照分析规划管理办法》	沪规土资建规〔2016〕100号

当依据的标准、规范进行修订或有新的标准、规范颁布实施时，本图集与现行工程建设标准不符的内容、限制或淘汰的技术或产品，视为无效。工程技术人员在参考使用时，应注意加以区分，并应对本图集相关内容进行复核后选用。

2 项目概况

2.1 本示例为上海市××区××学校新建工程，基地位于上海市××区××地块，包括普通教学楼、专业教学楼、教学办公综合楼、食运楼；本示例范围是普通教学楼、专业教学楼（装配整体式建筑单体），单体建筑无地下室和人防设计内容。

2.2 本工程总用地面积28347.8m²，本示例中普通教学楼（装配整体式建筑单体）总建筑面积5336.22m²，专业教学楼（装配整体式建筑单体）总建筑面积3900.03m²。

2.3 建筑层数、高度：普通教学楼地上4层，建筑高度21.45m（檐口高度）；专业教学楼地上4层，建筑高度18.05m（檐口高度）。

2.4 建筑结构形式为装配整体式混凝土框架结构，建筑结构的类别为3类，设计使用年限为50年，抗震设防烈度为7度。

编制总说明 / 建筑示例 / 结构示例

2.5 建筑分类：多层建筑；耐火等级：不低于二级。

2.6 屋面防水等级二级，合理使用年限25年。

3 总体定位、设计标高及图纸标识（略）

4 用料说明和室内外装修（略）

5 采用新技术、新材料的做法说明及特殊建筑造型构造说明（略）

6 门窗表及门窗性能等设计要求说明（略）

7 幕墙及特殊屋面的性能、制作要求（略）

8 电梯选择及性能说明（略）

9 建筑防火设计说明（略）

10 无障碍设计说明（略）

11 建筑节能设计说明（略）

12 安全防范、防护等要求和措施（略）

13 需要专业公司深化设计部分（略）

14 绿色建筑设计说明（略）

15 其他需要说明内容（略）

16 装配式建筑设计

16.1 装配整体式建筑设计概况

16.1.1 普通教学楼（装配整体式建筑单体）无地下室，地上一层至五层为采用装配整体式混凝土框架结构和预制钢筋混凝土复合保温外墙挂板（整间板系统）。专业教学楼（装配整体式建筑单体）无地下室，地上一层至四层为采用装配整体式混凝土框架结构和预制钢筋混凝土复合保温外墙挂板（整间板系统）。

16.1.2 单体预制率：普通教学楼为41.5%，专业教学楼为52.3%。

16.1.3 预制构件包括预制夹心保温外墙构件（包含预制夹心外墙板、门窗、外墙装饰构件等）、预制叠合楼板、预制楼梯、预制栏板、预制内隔墙、预制主次梁和预制框架柱等，具体配置见表16.1.3-1、表16.1.3-2。

表16.1.3-1 普通教学楼装配整体式混凝土框架结构技术配置表

项目名称	普通教学楼	项目名称	普通教学楼	项目名称	普通教学楼
预制夹心保温外墙	●	预制空调板	—	无外架施工	●
预制内隔墙	●	预制柱	●	预制叠合梁	●
叠合楼板	●	装饰混凝土饰面	●	装配式内装修	●
预制女儿墙	—	预制外墙（内嵌）	●	预制栏板	●

注："●"实施；"—"不采用。

表16.1.3-2 专业教学楼装配整体式混凝土框架结构技术配置表

项目名称	专业教学楼	项目名称	专业教学楼	项目名称	专业教学楼
预制夹心保温外墙	—	预制空调板	—	无外架施工	●
预制内墙	●	预制柱	●	预制叠合梁	●
叠合楼板	●	装饰混凝土饰面	●	装配式内装修	●
预制女儿墙	—	预制外墙（内嵌）	●	预制栏板	●

注："●"实施；"—"不采用。

16.1.4 复合保温外墙挂板采用夹心保温系统，夹心保温板性能应符合相应的标准要求。

16.1.5 外窗框宜采用预留副框或预埋件等方法与墙体可靠连接。

16.2 总平面设计（包括外部运输条件、内部运输条件、构件存放、构件吊装）（略）

16.3 建筑设计

16.3.1 标准化设计

1）本工程建筑设计采用统一模数协调尺寸，符合《建筑模数协调标准》GB/T 50002的要求，采用模块化设计，开间、进深采用3nM和2nM的模数数列进行平面尺寸控制，普通教室与各专业教室采用模块化设计。

2）普通教学楼共4层，各层基本相同，均采用9m×8.4m的标准教室并列布置。

3）专业教学楼共4层，由于各类专业教室的使用要求不同，无法实现各楼层教室的完全对应统一，因此在设计中采用3nM和2nM的模数进行专业教室布置，以使构件在生产过程中能够遵循一定的规律。

4）单体平面规整，没有过大凹凸变化，承重构件上、下贯通，符合建筑功能和结构抗震安全要求。

5）预制构件节点采用标准化设计，符合安全、经济、方便施工的要求。

16.3.2 建筑集成技术设计

1）本工程采用预制夹心保温外墙体系。

2）机电设备管线系统采用集中布置，管线及点位预留、预埋到位。

a）叠合楼板根据需要预留预埋吊顶吊杆及设备安装吊钩、灯头盒、设备套管、地漏等；

b）普通教室、专业教室内隔墙预留预埋开关、线盒、线管等；

c）预制楼梯预留预埋扶手栏杆安装埋件等。

16.3.3 协同设计

1）基于施工图设计单位与构件加工图设计单位建立的协同机制，本设计提供的预制构件尺寸控制图，设备点位综合详图等供构件加工图设计参考。

2）对管线相对集中、交叉、密集的部位，比如强弱电盘、表箱、集水器等进行管线综合，并在建筑和结构设计中加以体现，同时依据内装修施工图纸进行了整体机电设备管线的预留、预埋。

3）通过模数协调，确立结构钢筋模数网络，与机电管线布线形成协同，保证预留预埋避让结构钢筋。

16.3.4 信息化技术应用

1）本项目在方案设计阶段采用BIM技术进行日照分析和技术策划分析。

2）本项目在施工图设计阶段采用BIM技术进行信息模型制作，计算预制率、装配率以及构件连接节点等可视化信息表达。

16.4 预制构件设计

16.4.1 预制夹心外墙设计

1）本项目外墙全部采用预制夹心外墙挂板（整间板系统），预制夹心外墙由60mm厚预制混凝土外叶墙板、40mm厚夹心保温板和150mm厚预制混凝土内叶墙板组成。

2）本项目采用预制夹心外墙挂板构造满足建筑保温隔热要求。保温材料连接件应采用专业厂家生产并符合相关标准的高强度连接件，避免热桥的同时保证内外叶墙板连接安全可靠。

3）外墙节点设计

a）预制夹心外墙挂板接缝（包括屋面女儿墙、勒脚等处的竖缝、水平缝、十字缝以及窗口处）根据不同部位接缝特点及当地气候条件选用构造防水、材料防水或构造防水与材料防水相结合的防、排水系统。

b）预制夹心外墙挂板水平缝采用高低缝，建筑外墙的接缝及门窗洞口等防水薄弱部位设计应采用材料防水和构造防水相结合的做法，板缝防水构造详见单体设计。

c）预制夹心外墙挂板接缝采用材料防水时，必须用防水性能可靠的嵌缝材料，主要采用发泡芯棒与密封胶。板缝宽度不宜大于20mm，材料防水的嵌缝深度不得小于20mm。

d）预制夹心外墙挂板接缝材料选用硅酮、聚氨酯、聚硫建筑密封胶，应分别符合《硅酮和改性硅酮建筑密封胶》GB/T 14683、《聚氨酯建筑密封胶》JC/T 482、《聚硫建筑密封胶》JC/T 483 的规定。

e）预制夹心外墙挂板接缝防水工程应由专业人员施工，以保证外墙的防、排水质量。

4）门窗安装

a）门窗洞口应在工厂预制定型，其尺寸偏差宜控制在±2mm以内，外门窗应按此误差缩尺加工并做到精确安装。

b）预制夹心外墙挂板采用后装法安装门窗框，在预制夹心外墙挂板的门窗洞口处预埋经防火防腐处理的木砖连接件。

16.4.2 叠合楼板设计

1）本工程普通教室、专业教室、公共走廊、辅助用房采用叠合楼板，其余有防水、防潮要求的部位及屋顶层楼板可采用现浇楼板。

2）叠合楼板的预制板厚度为60mm，叠合层厚度为90mm，叠合层内预埋管线，通过管线综合设计，保证管线布置的合理、经济和安全可靠。

16.4.3 预制楼梯设计

1）预制楼梯设计遵循模数化、标准化、系列化。

2）本工程楼梯预制构件包括梯板、梯梁、平台板及扶手栏杆。

3）预制楼梯采用清水混凝土饰面，采取措施加强或成品保护。楼梯踏面的防滑构造应在工厂预制时一次成型。

4）楼梯间中间扶手和靠外窗一侧扶手及楼梯平台处防护栏杆采用落地形式，靠门一侧采用靠墙扶手形式。

16.4.4 预制构件施工安全保障措施

1）本项目采用的上述各类预制构件，均应选用可靠的支撑和防护工艺，避免构件翻覆、掉落。

2）在构件加工图中，应考虑施工安全防护措施的预留预埋，施工防护围挡高度应满足国家相关施工安全防护规范的要求，严禁工人在无保护情况下临空作业，避免高空坠落造成的事故。

16.5 一体化装修设计

16.5.1 建筑装修材料、设备在需要与预制构件连接时宜采用预埋预留的安装方式，当采用膨胀螺栓、自攻螺丝、钉接、粘结等固定法后期安装时，应在预制构件允许的范围内，不得剔凿预制构件及其现浇节点，影响结构安全。

16.5.2 应结合房间的使用功能要求，选取耐久、防水、防火、防腐及不易污染的构配件、饰面材料及建筑部品，体现装配式建筑的特色。

16.6 节能设计要点

16.6.1 装配整体式混凝土框架结构（普通教学楼、专业教学楼）的节能设计应满足《公共建筑节能设计标准》GB 50189 和《公共建筑节能设计标准》DGJ 08-107 的相关规定。围护结构热工计算应符合现行建筑节能设计标准，并符合下列要求：

1）预制夹心外墙挂板保温层厚度依据《公共建筑节能设计标准》DGJ 08-107 进行设计。经计算，本项目采用

建筑专业施工图设计说明（三）	图集号	2022 沪 J113
审核 潘嘉凝　校对 白杨　设计 龚娅	页码	9

40mmXPS保温板，保温层连续，避免热桥。

2）安装保温材料时，材料重量含水率应符合相关国家标准的规定。穿过保温层的连接件，应采取与结构耐久性相当的防腐措施；如采用金属连接件，宜优先选用不锈钢材料并考虑其对保温性能的影响。

3）预制夹心外墙挂板有产生结露倾向的部位，应采取提高保温材料性能或在板内设置排除湿气的措施。

16.6.2 带有外门窗的预制夹心外墙，其门窗洞口与门窗框间的密闭性不应低于门窗的密闭性。

16.7 其他说明

外墙挂板构造节点要求详见《预制混凝土外墙挂板（一）》16J110-2、16G333。

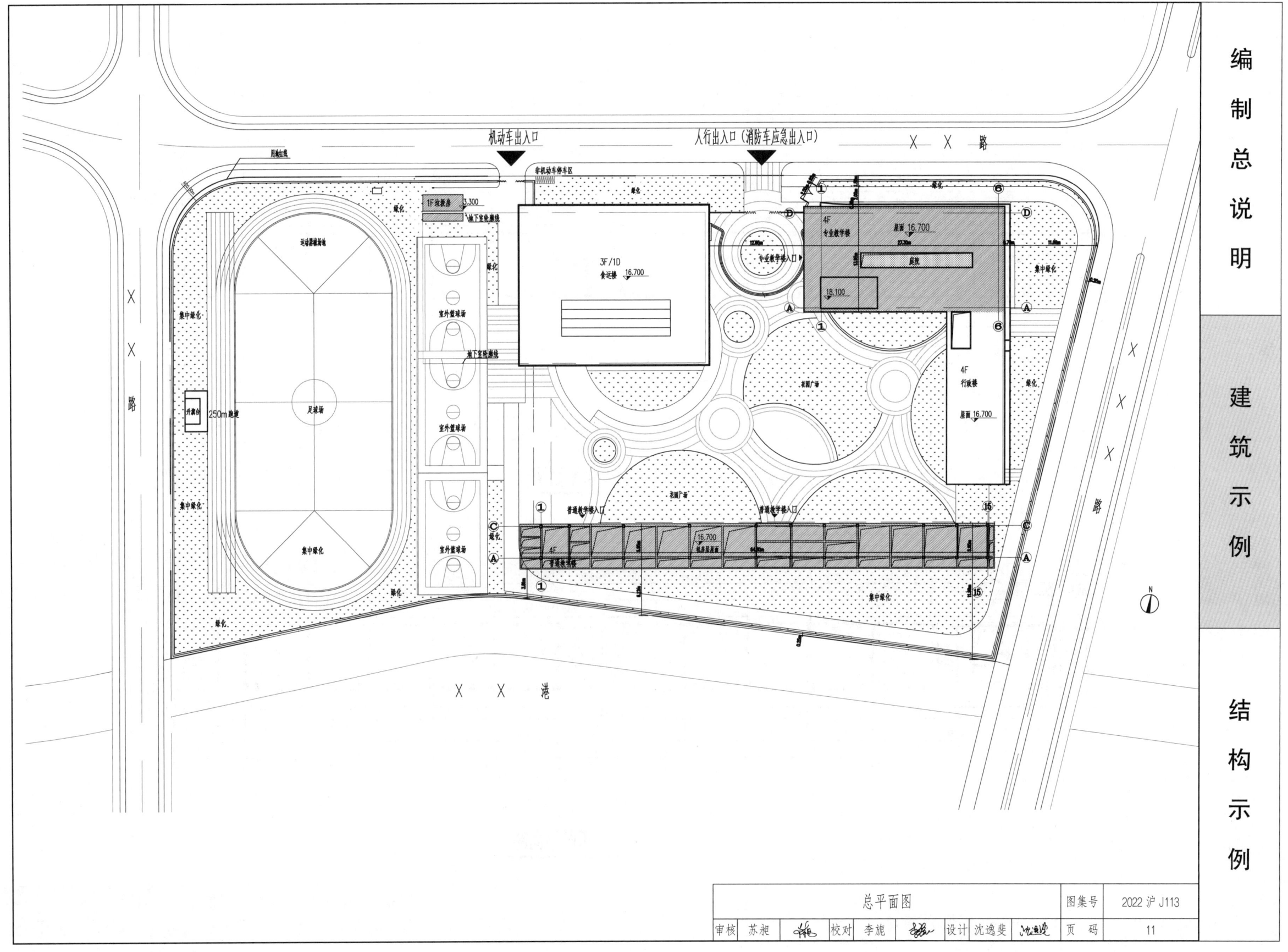

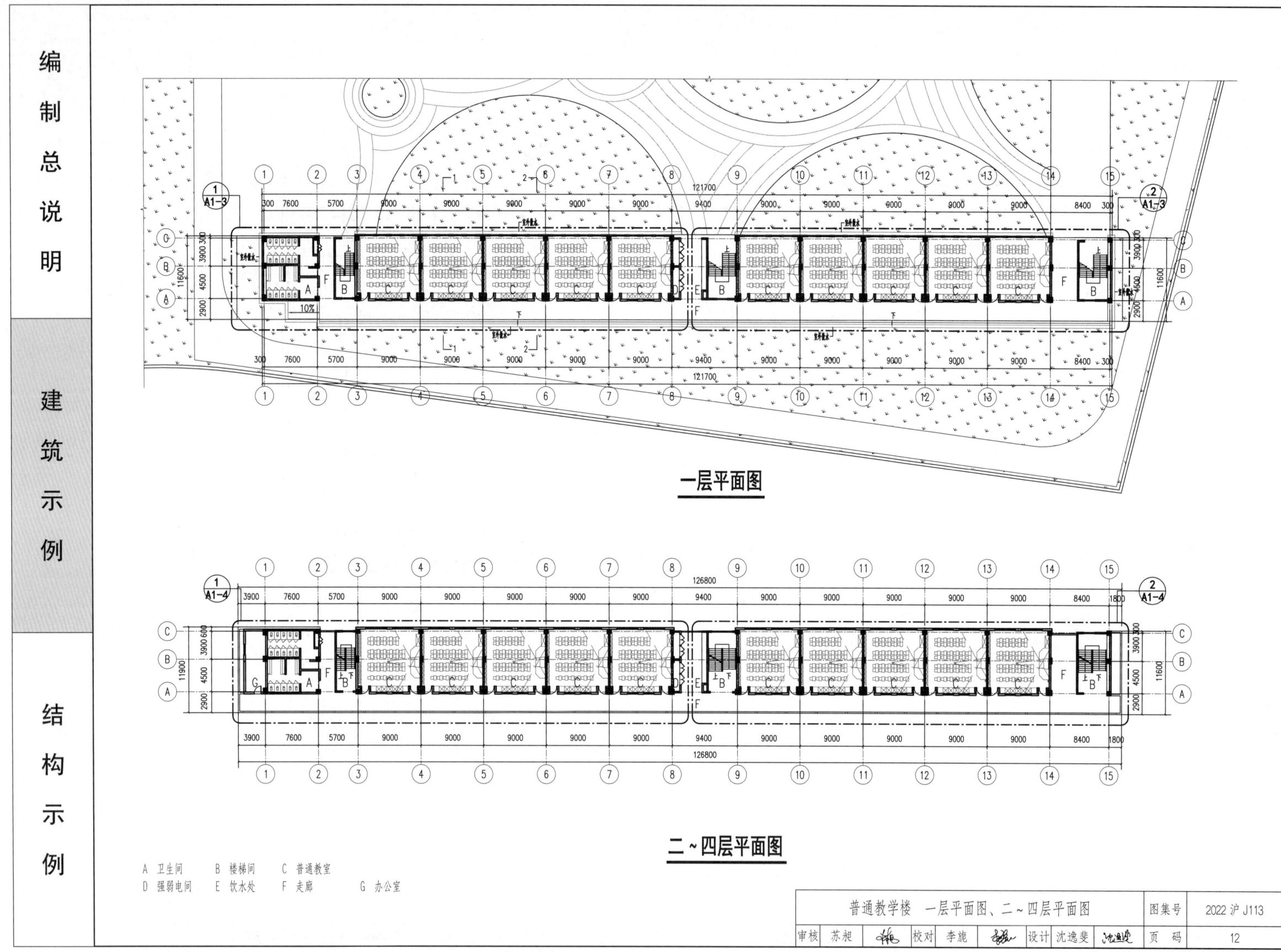

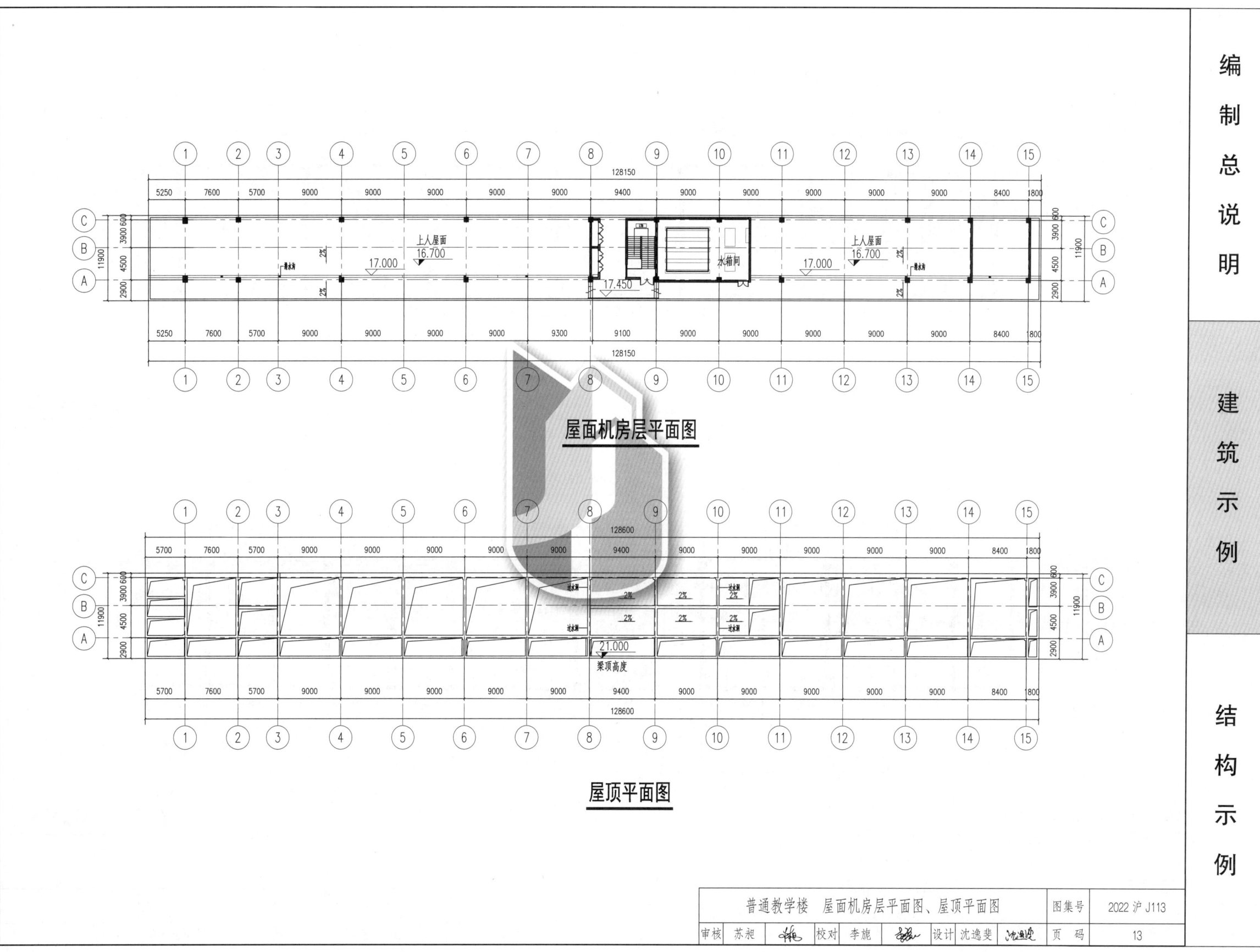

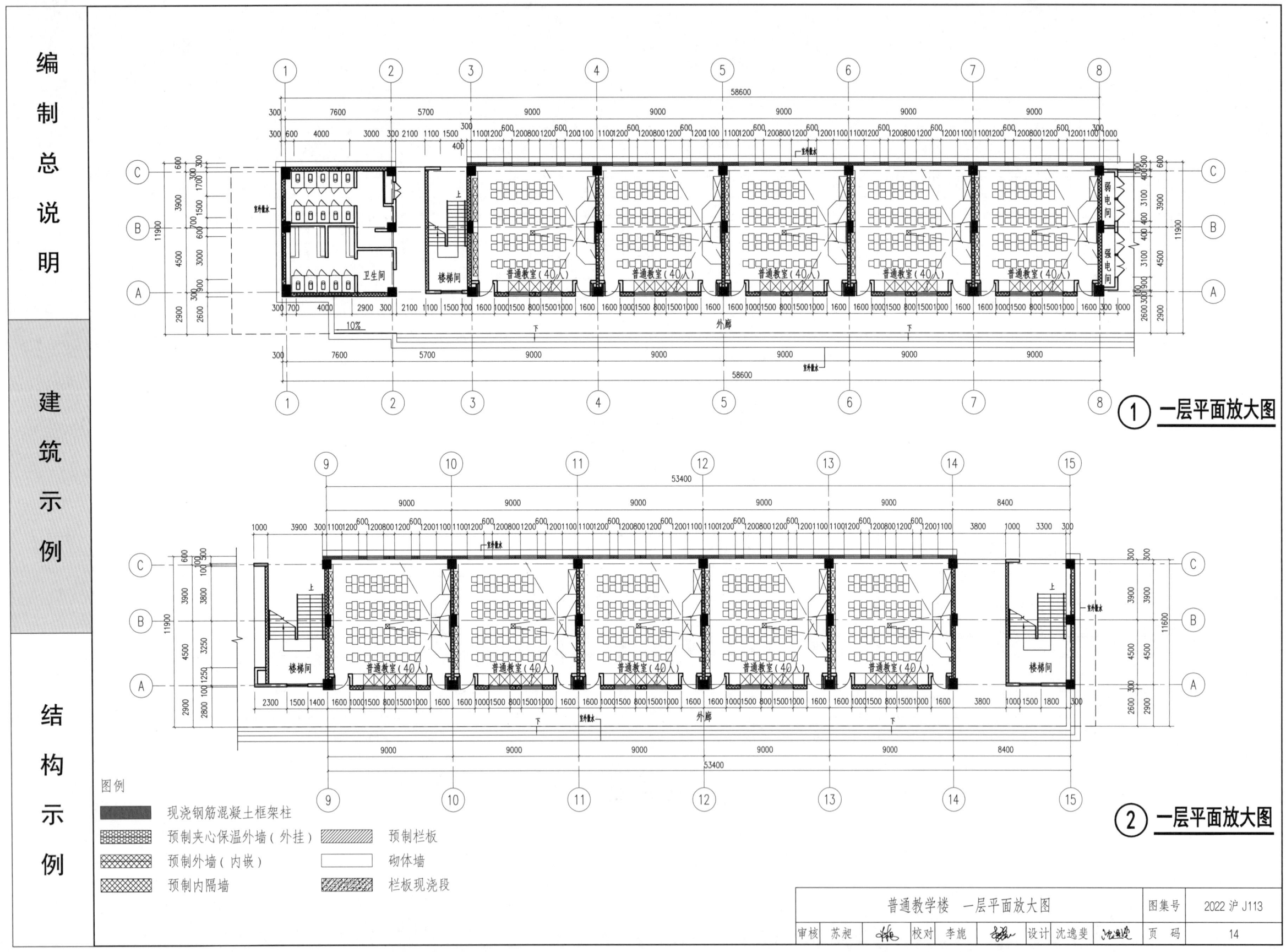

普通教学楼 一层平面放大图

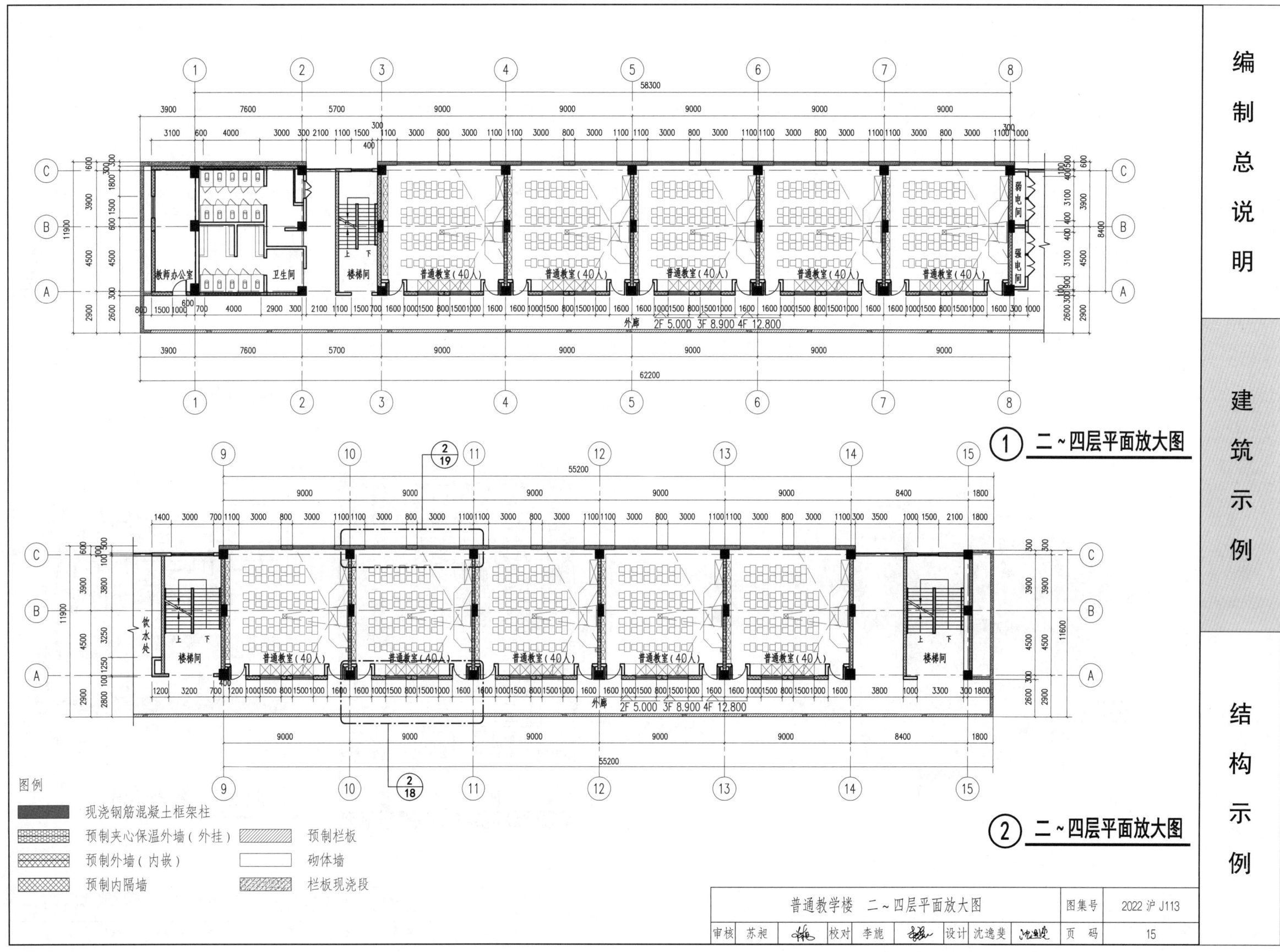

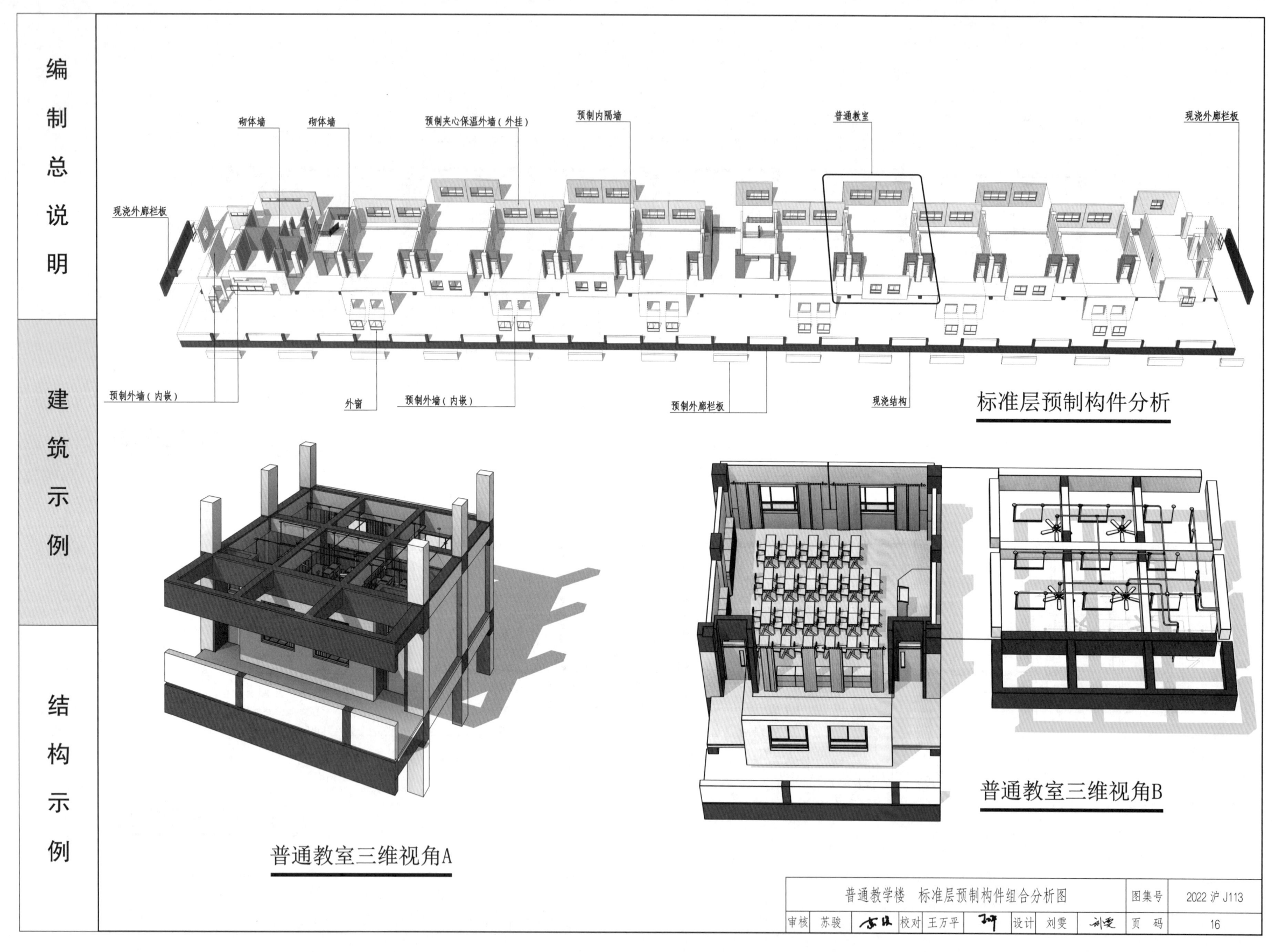

普通教学楼 标准层预制构件组合分析图 图集号 2022沪J113 页码 16

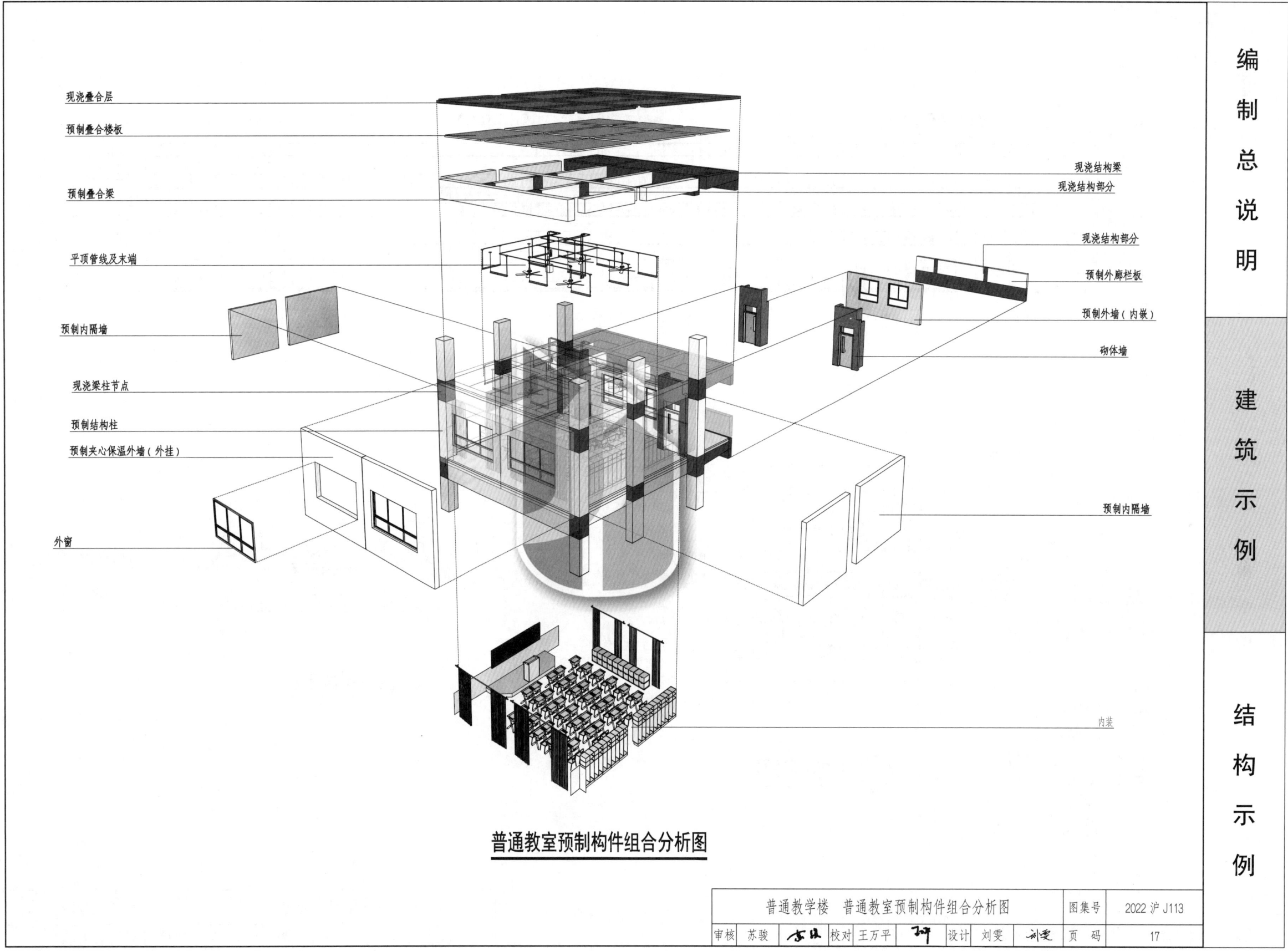

普通教室预制构件组合分析图

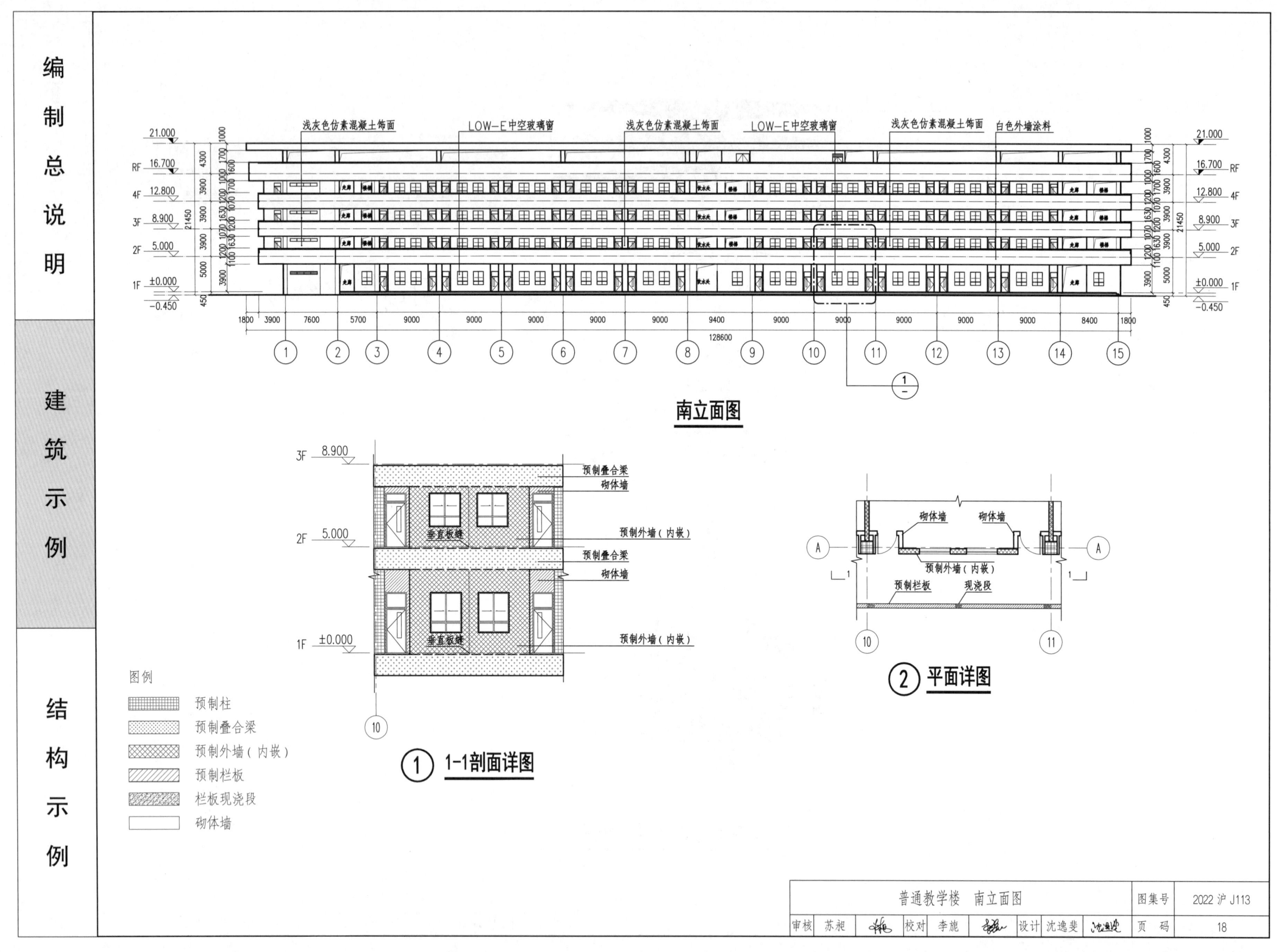

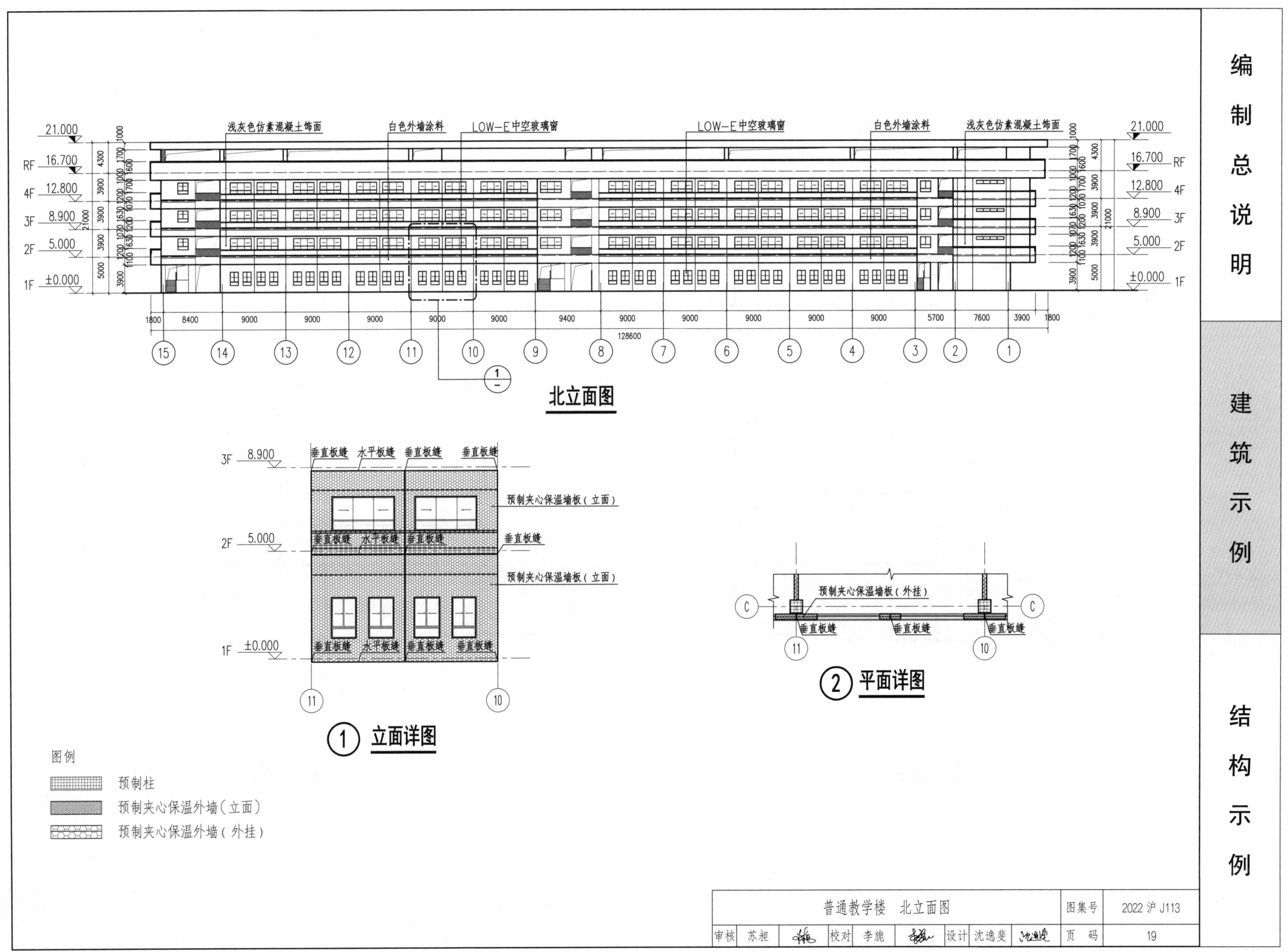

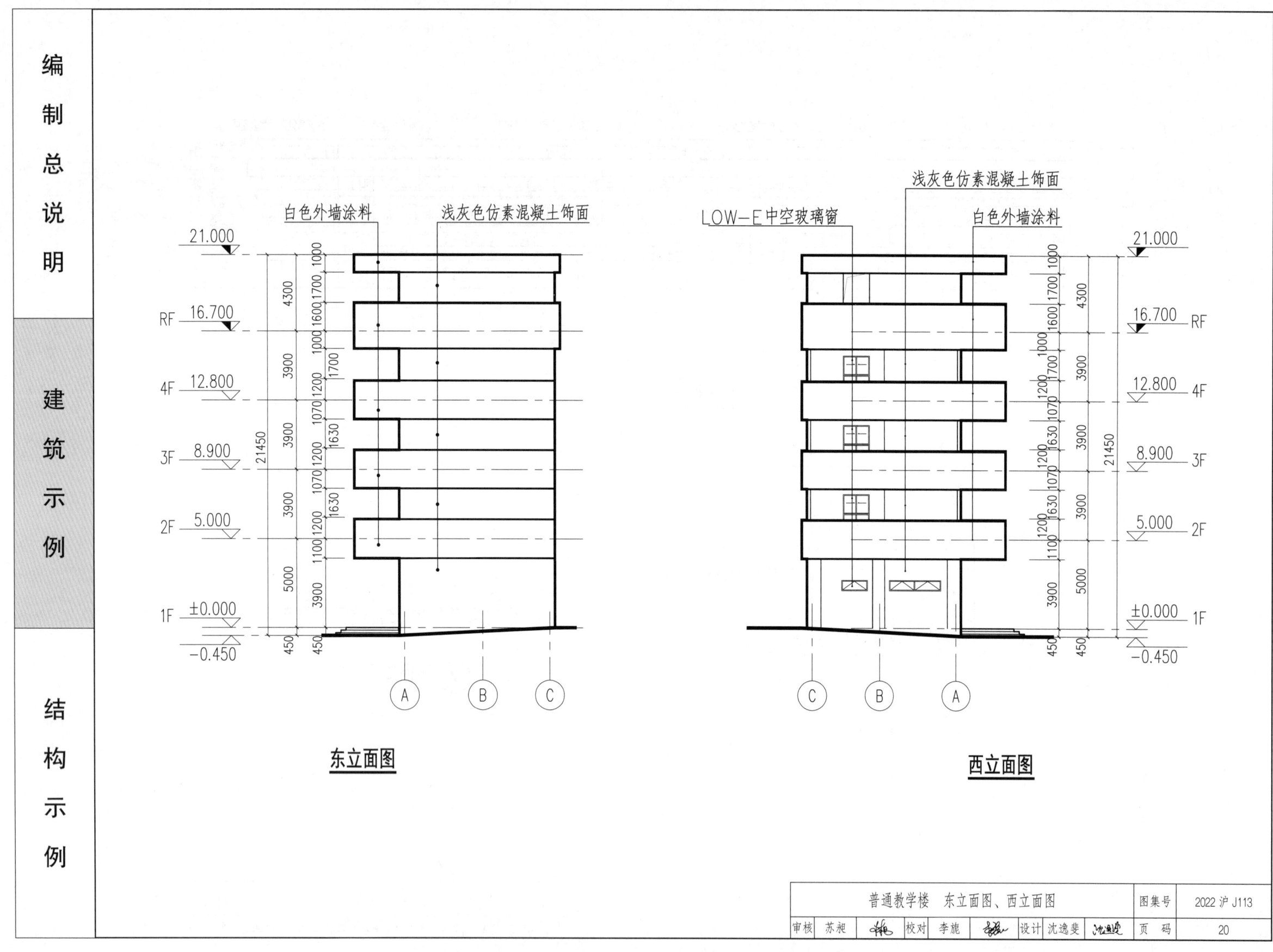

普通教学楼 东立面图、西立面图

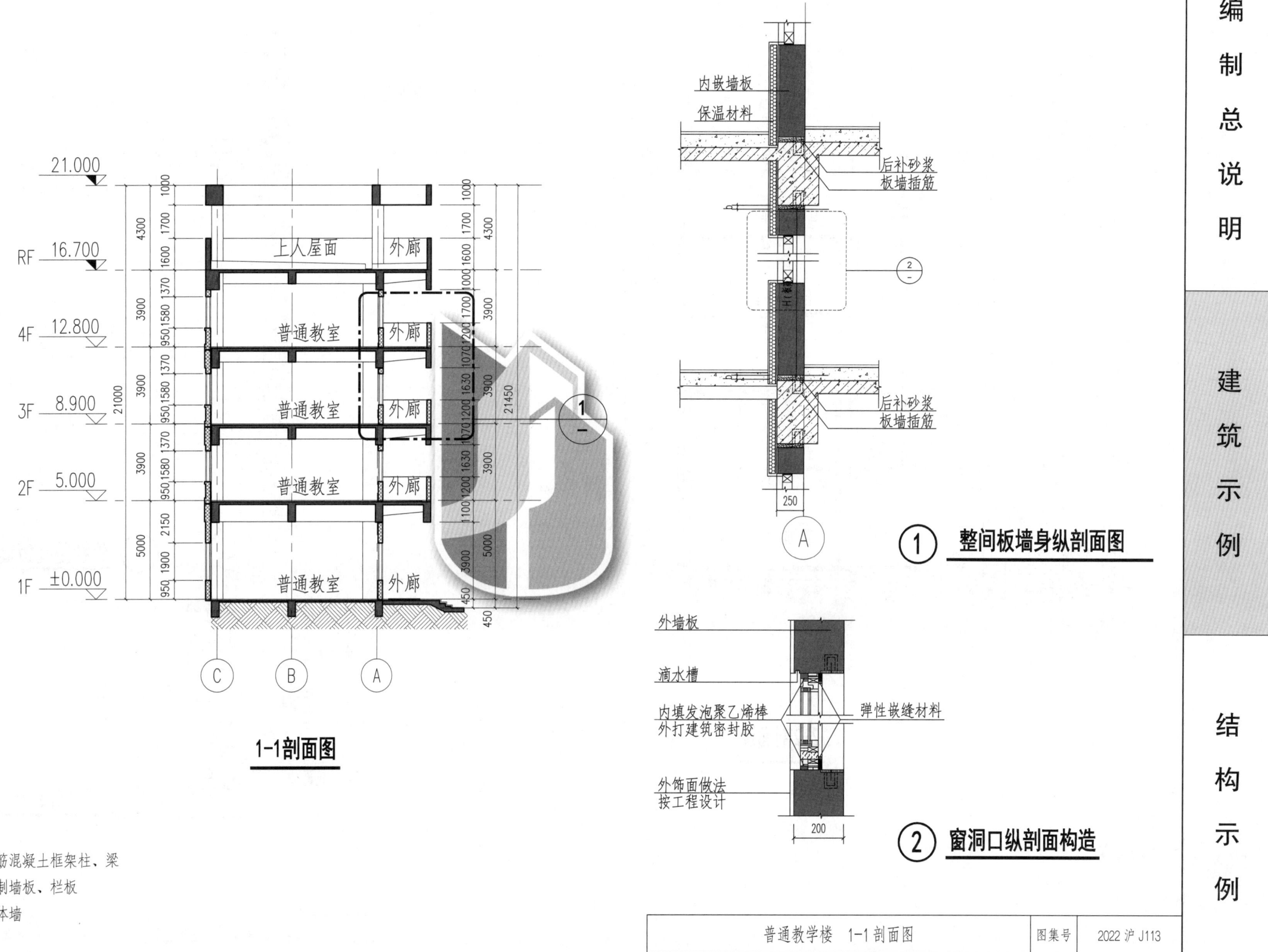

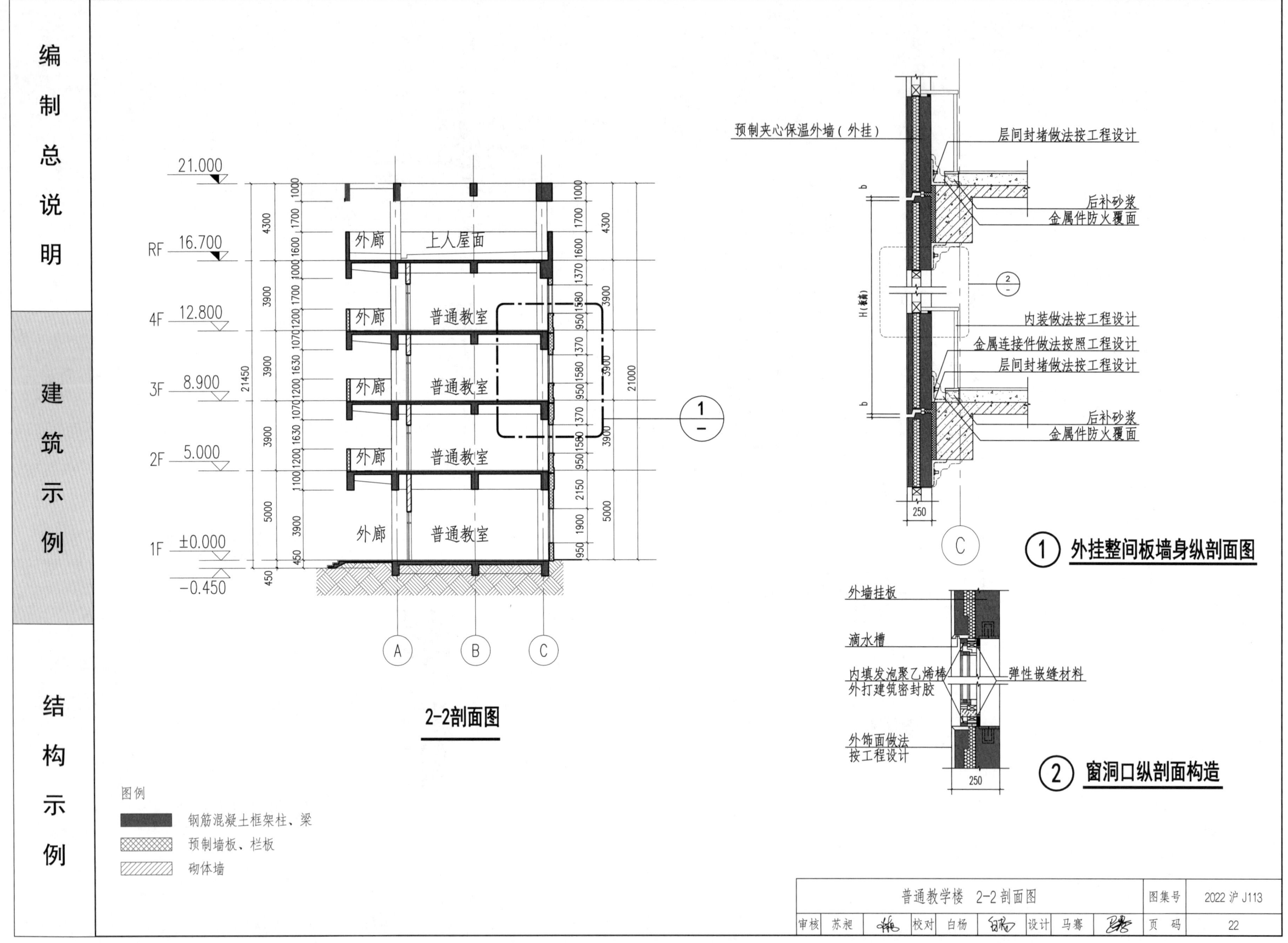

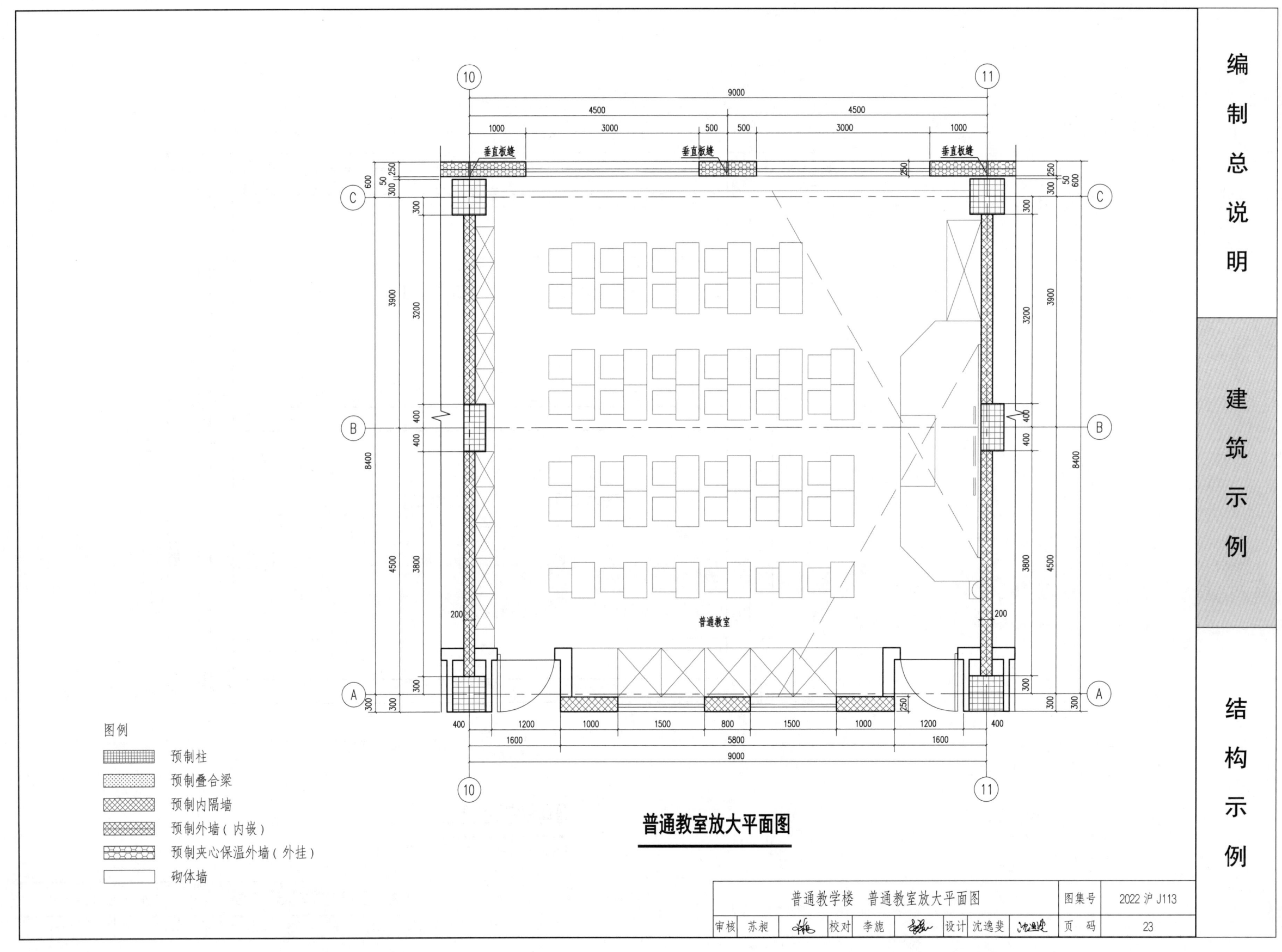

普通教室放大平面图

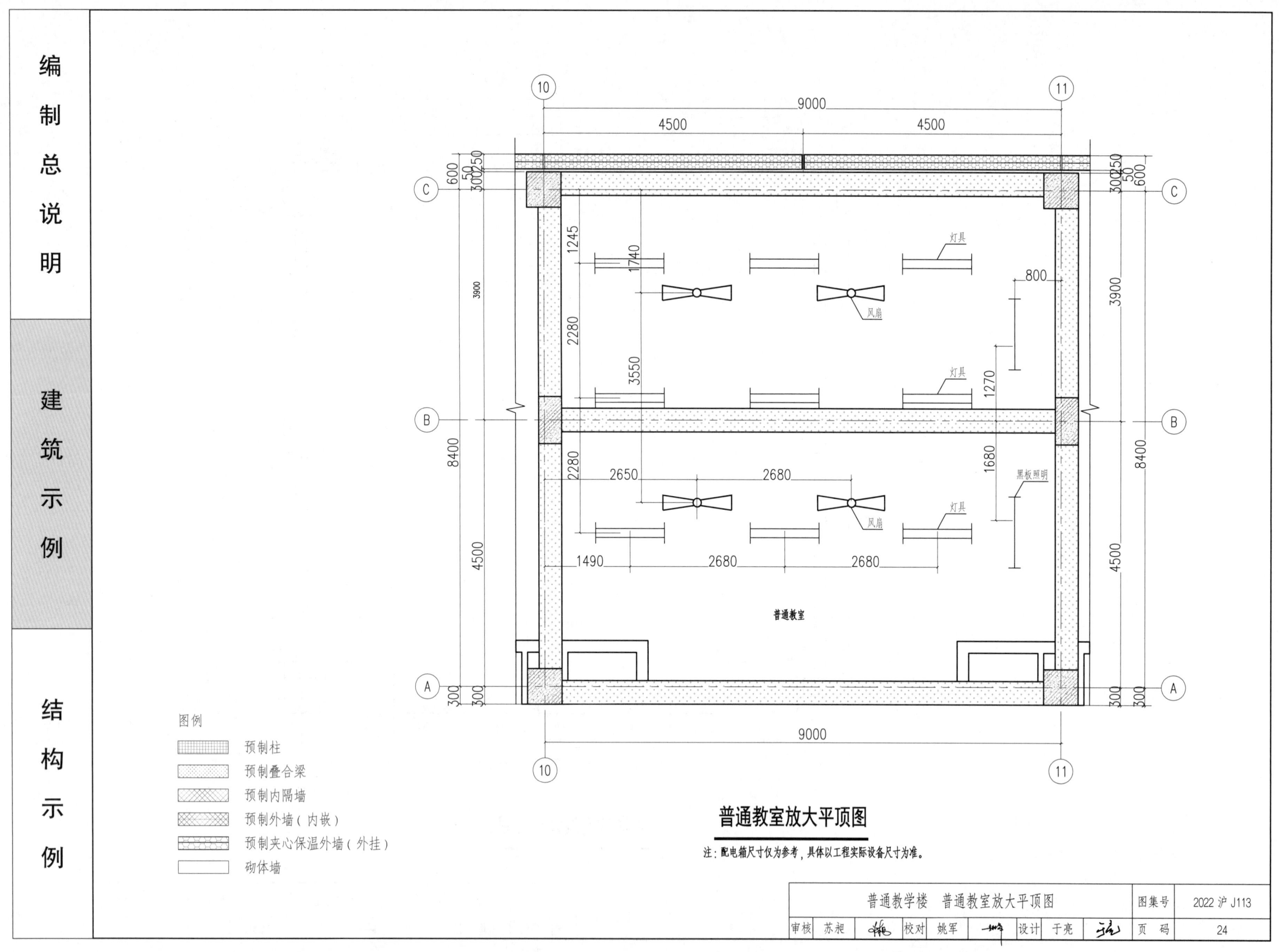

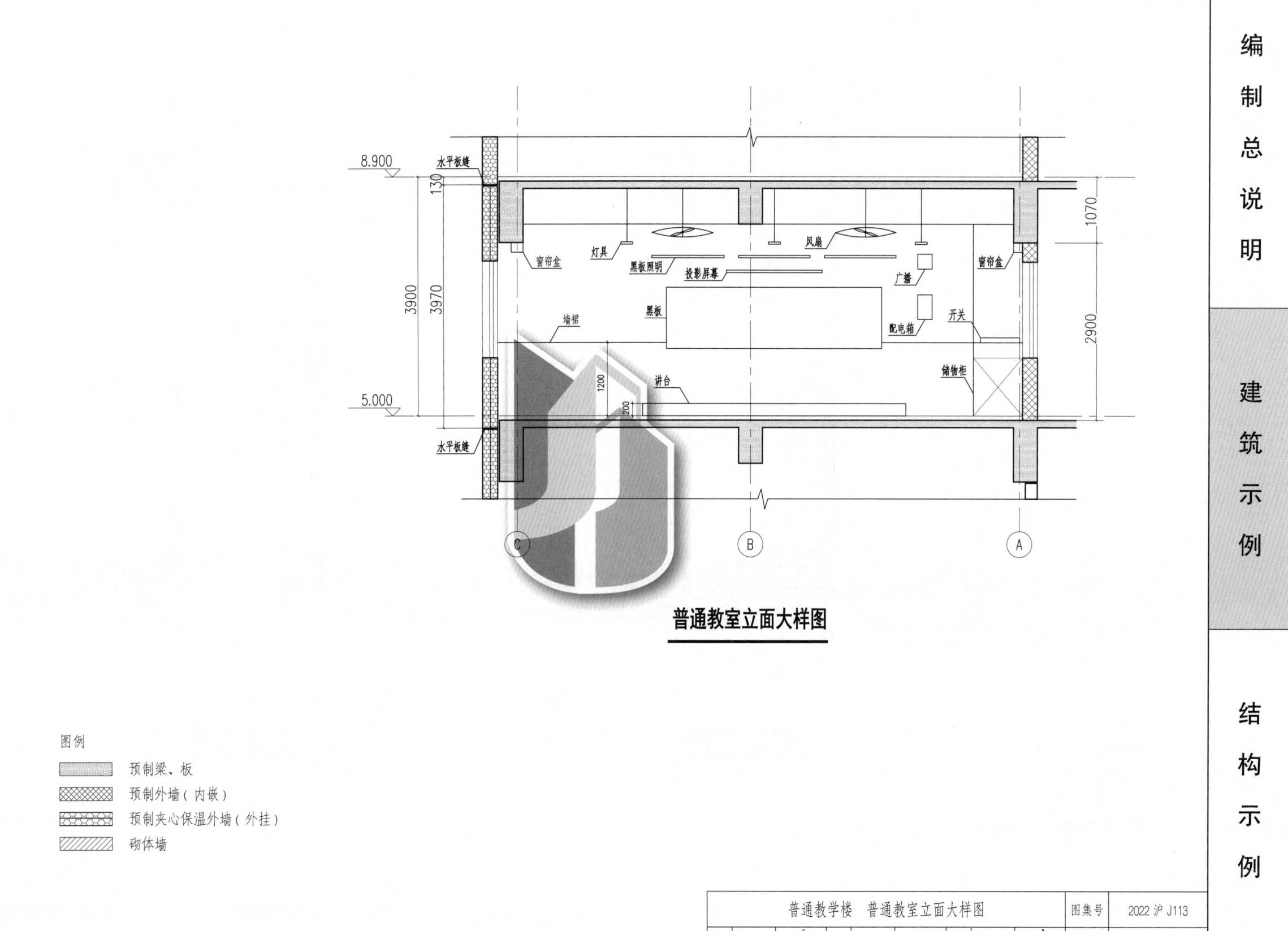

普通教室立面大样图

图例
- 预制梁、板
- 预制外墙(内嵌)
- 预制夹心保温外墙(外挂)
- 砌体墙

普通教学楼　普通教室立面大样图	图集号	2022沪J113
审核 苏昶　校对 姚军　设计 于亮	页码	25

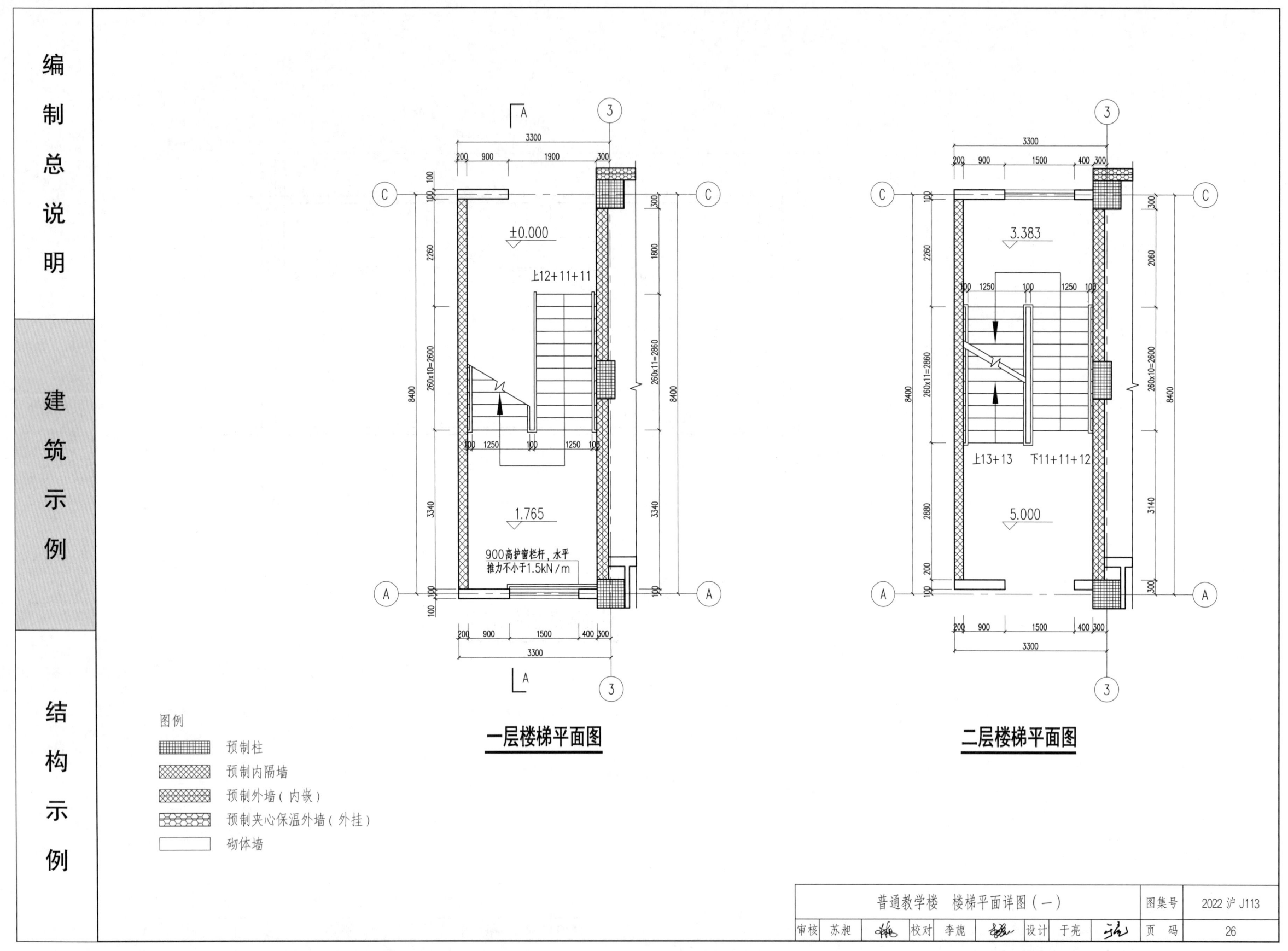

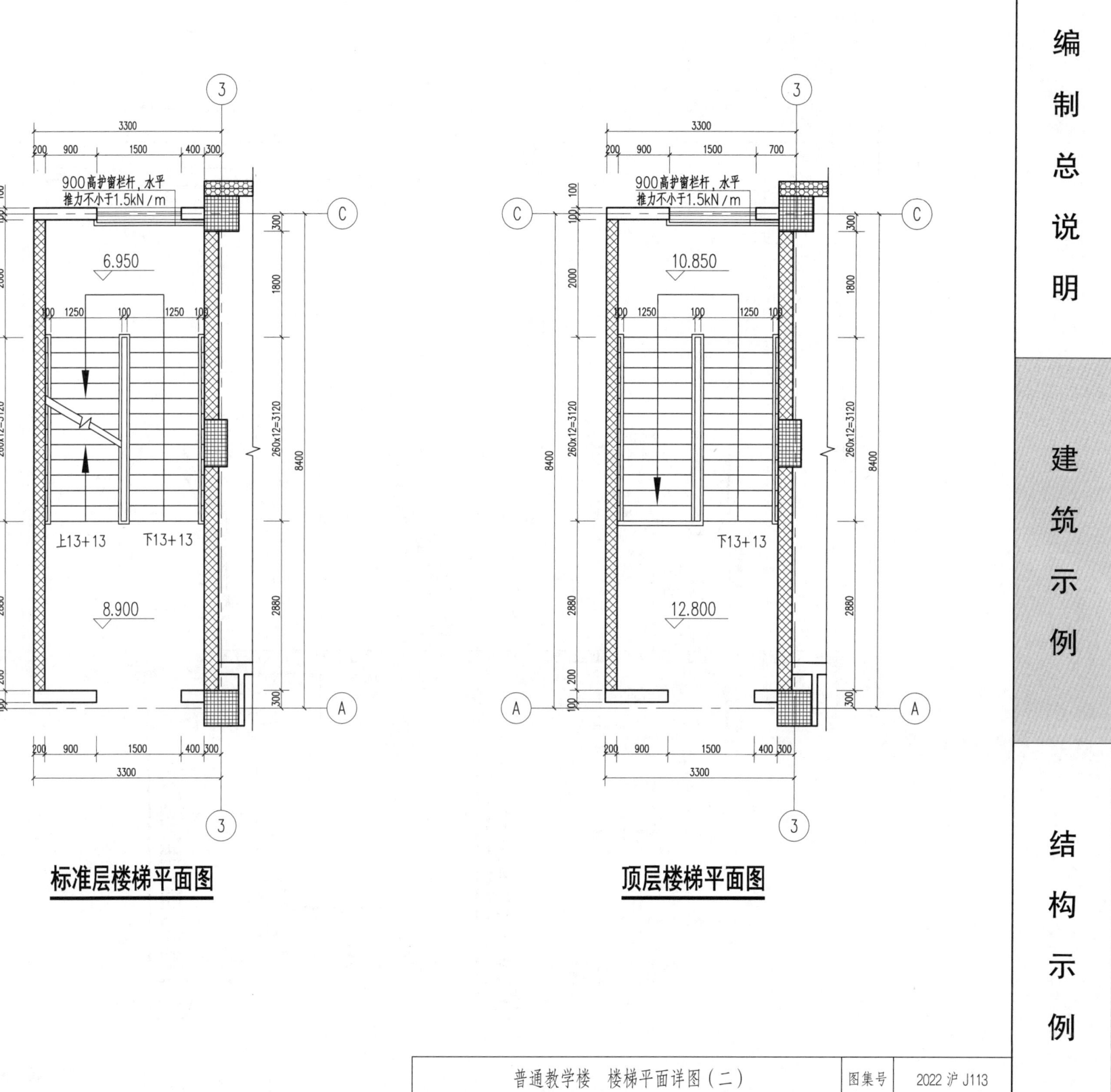

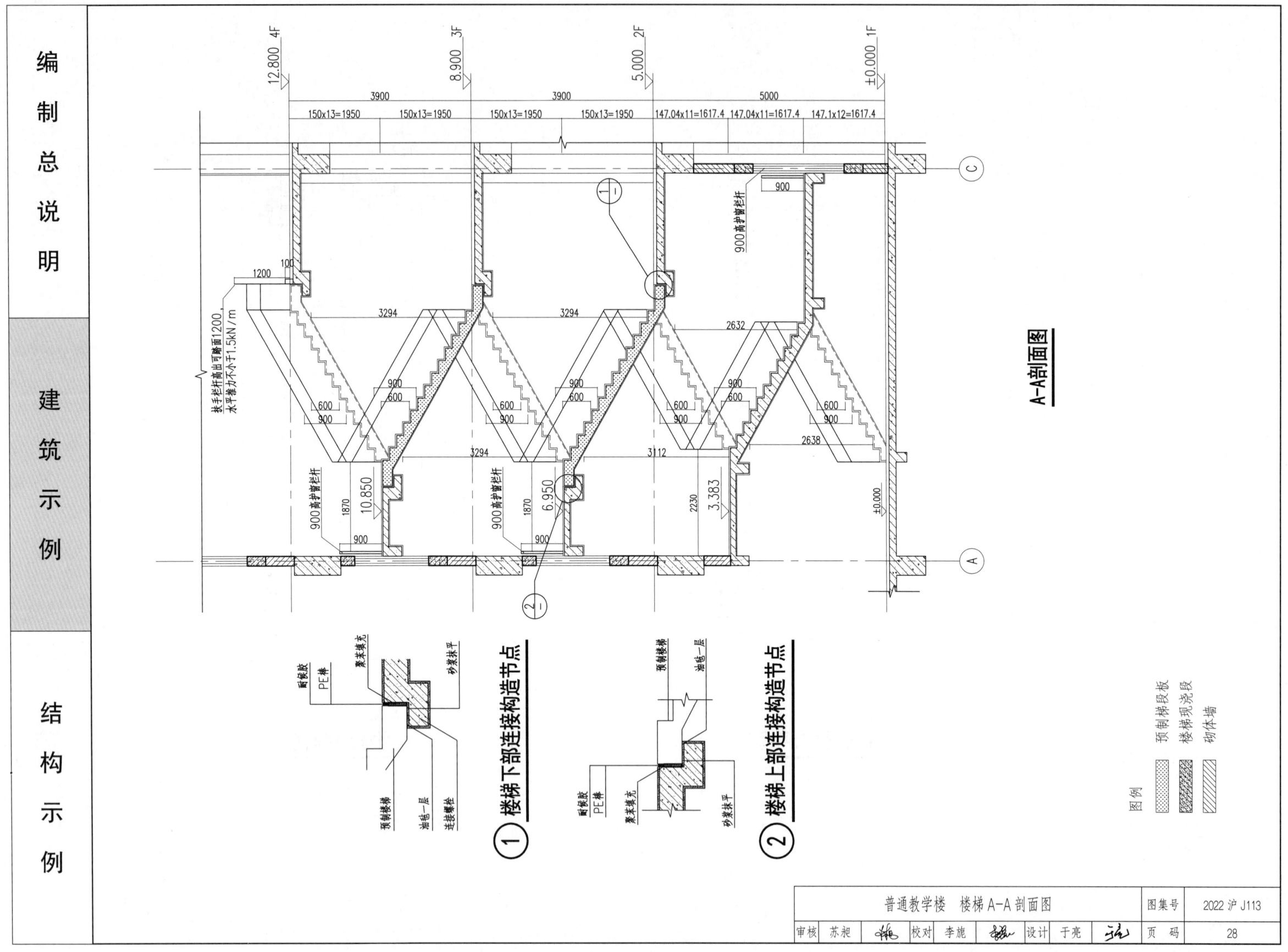

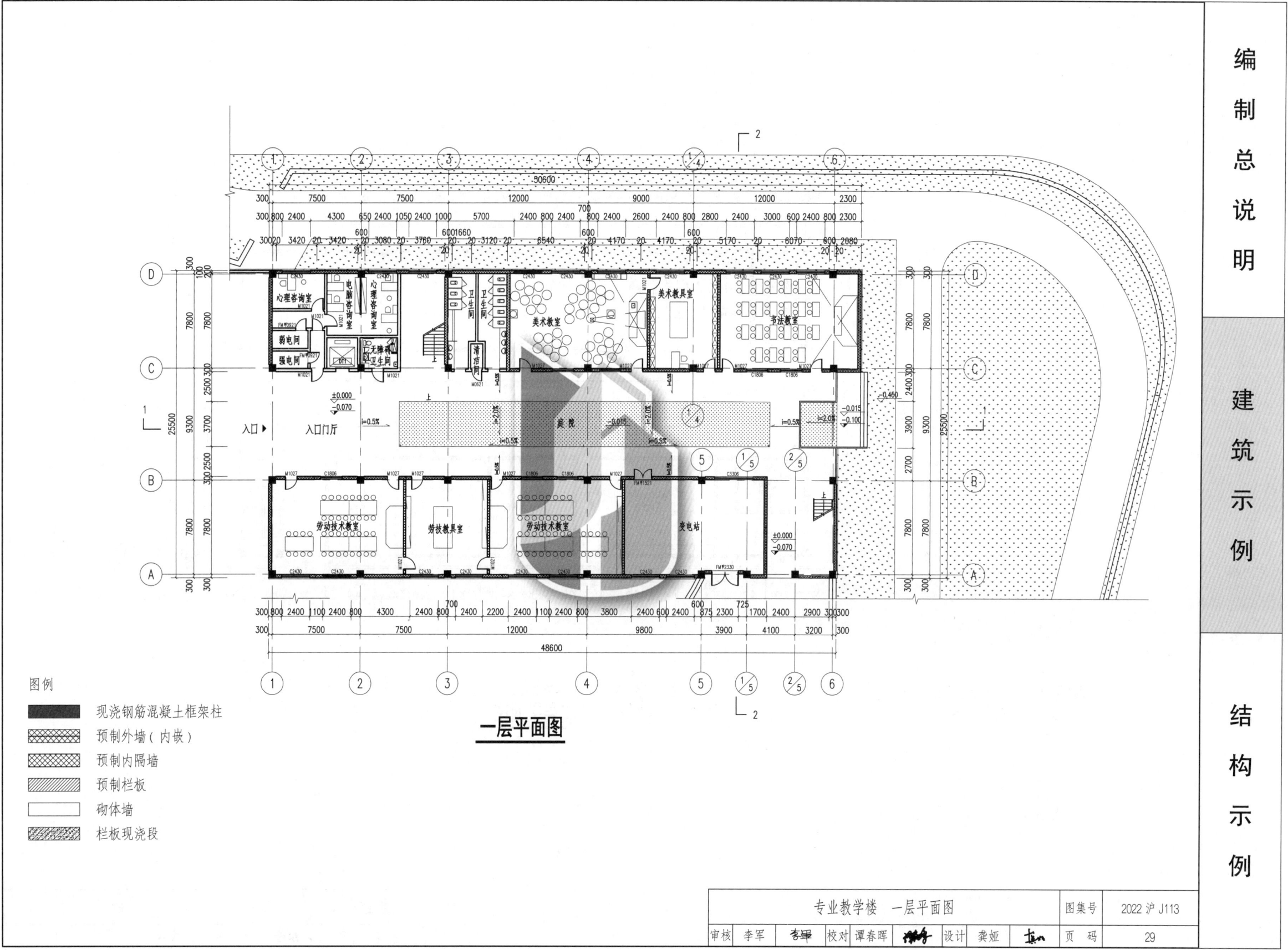

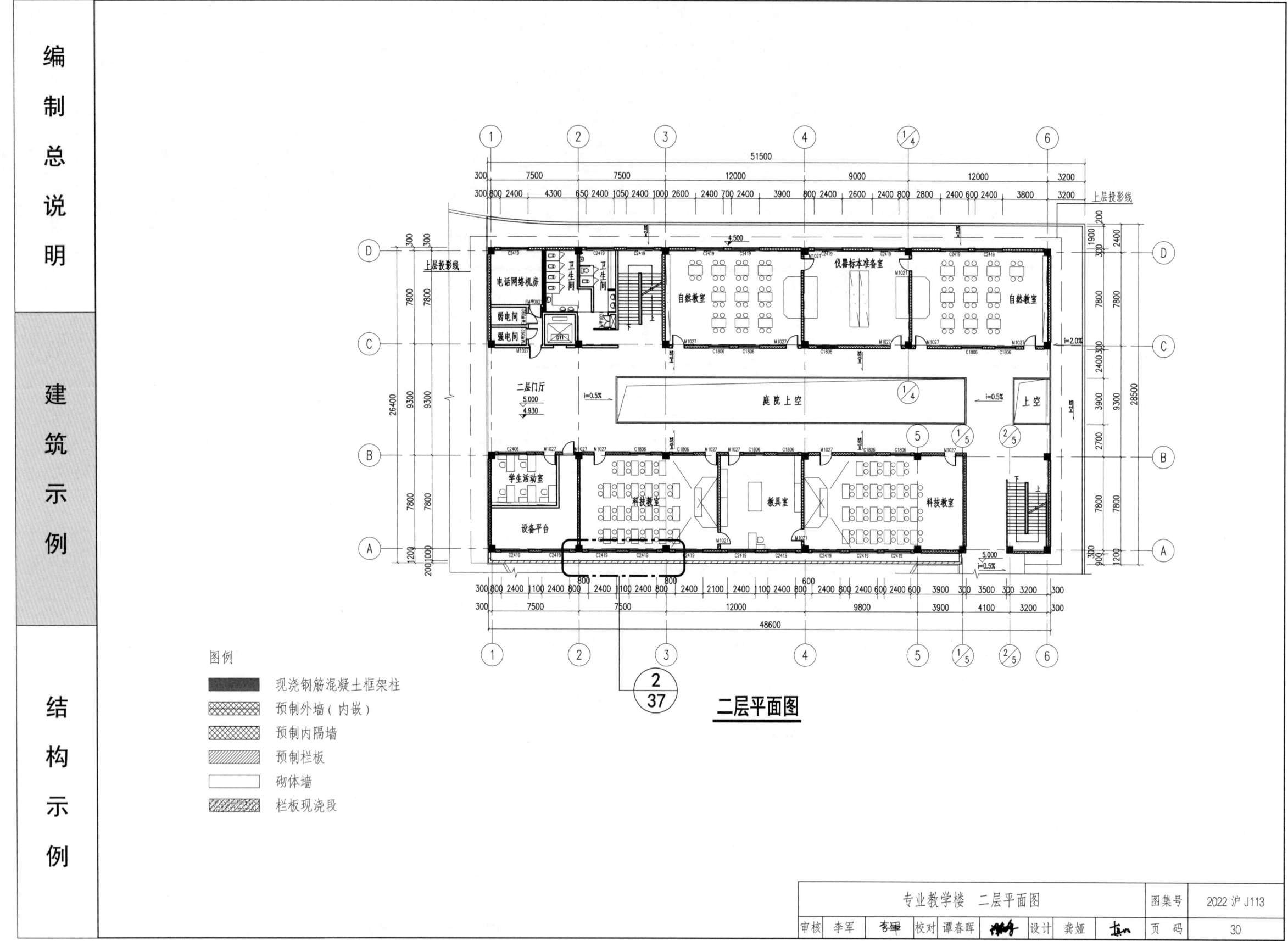

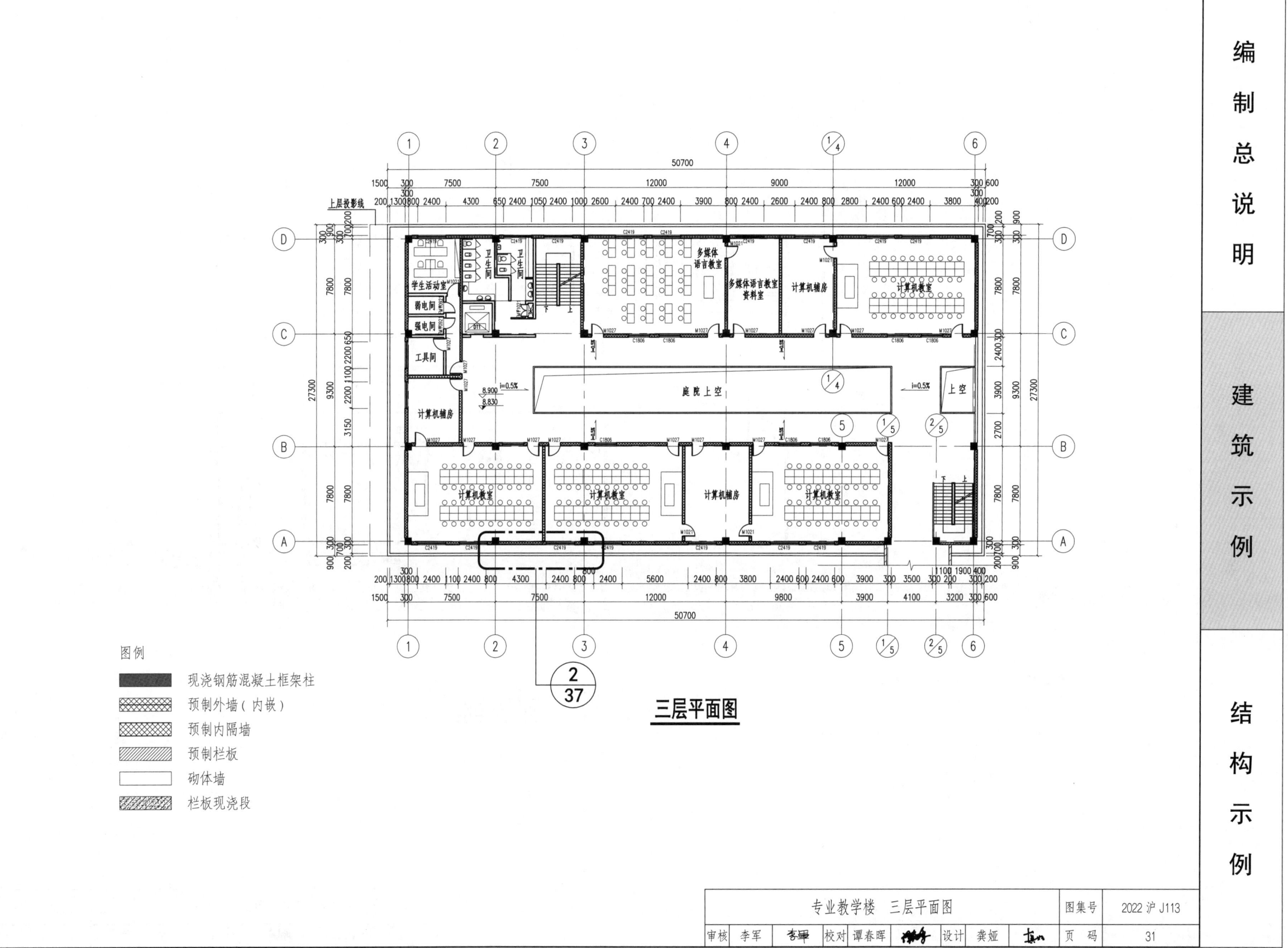

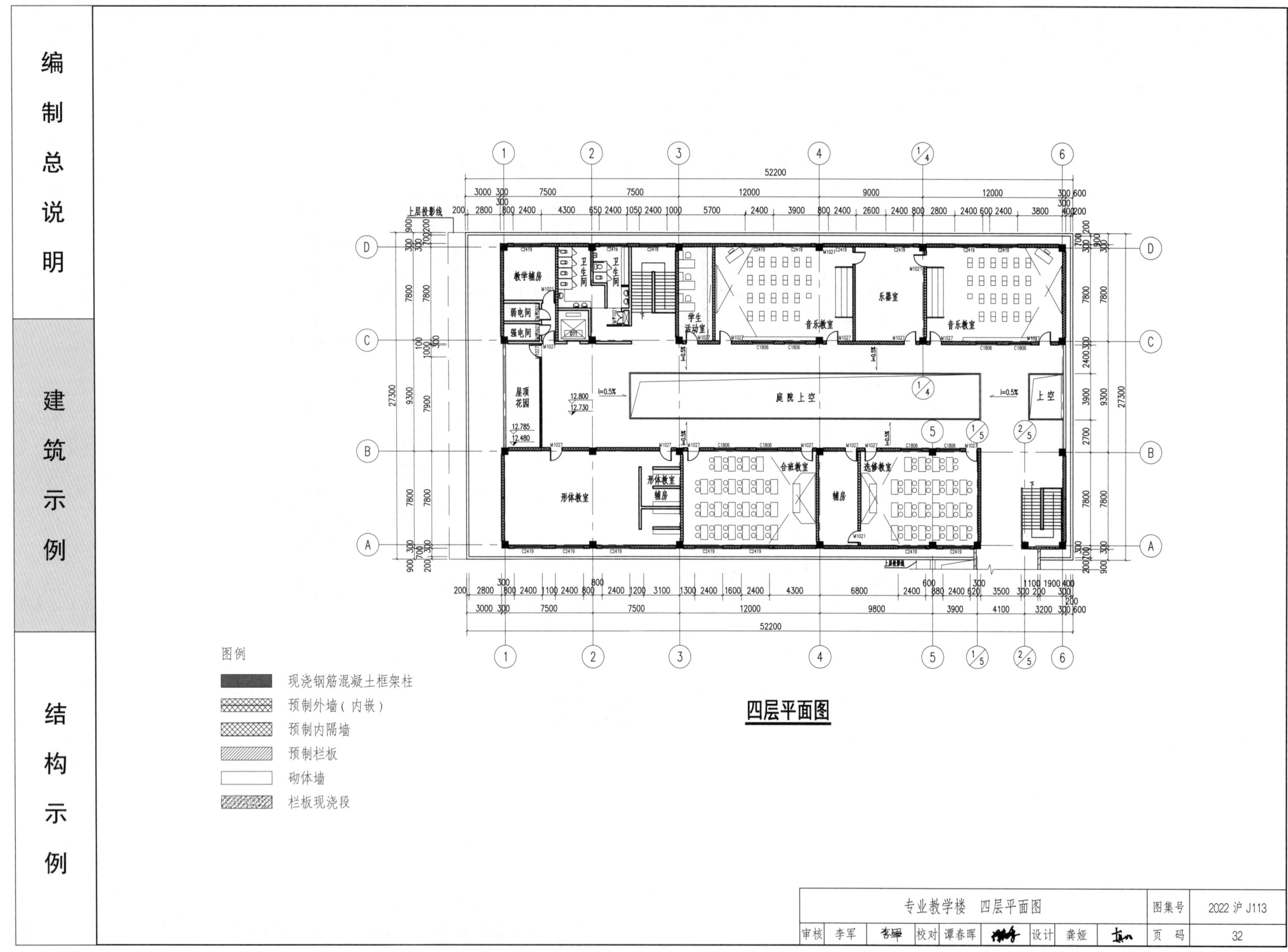

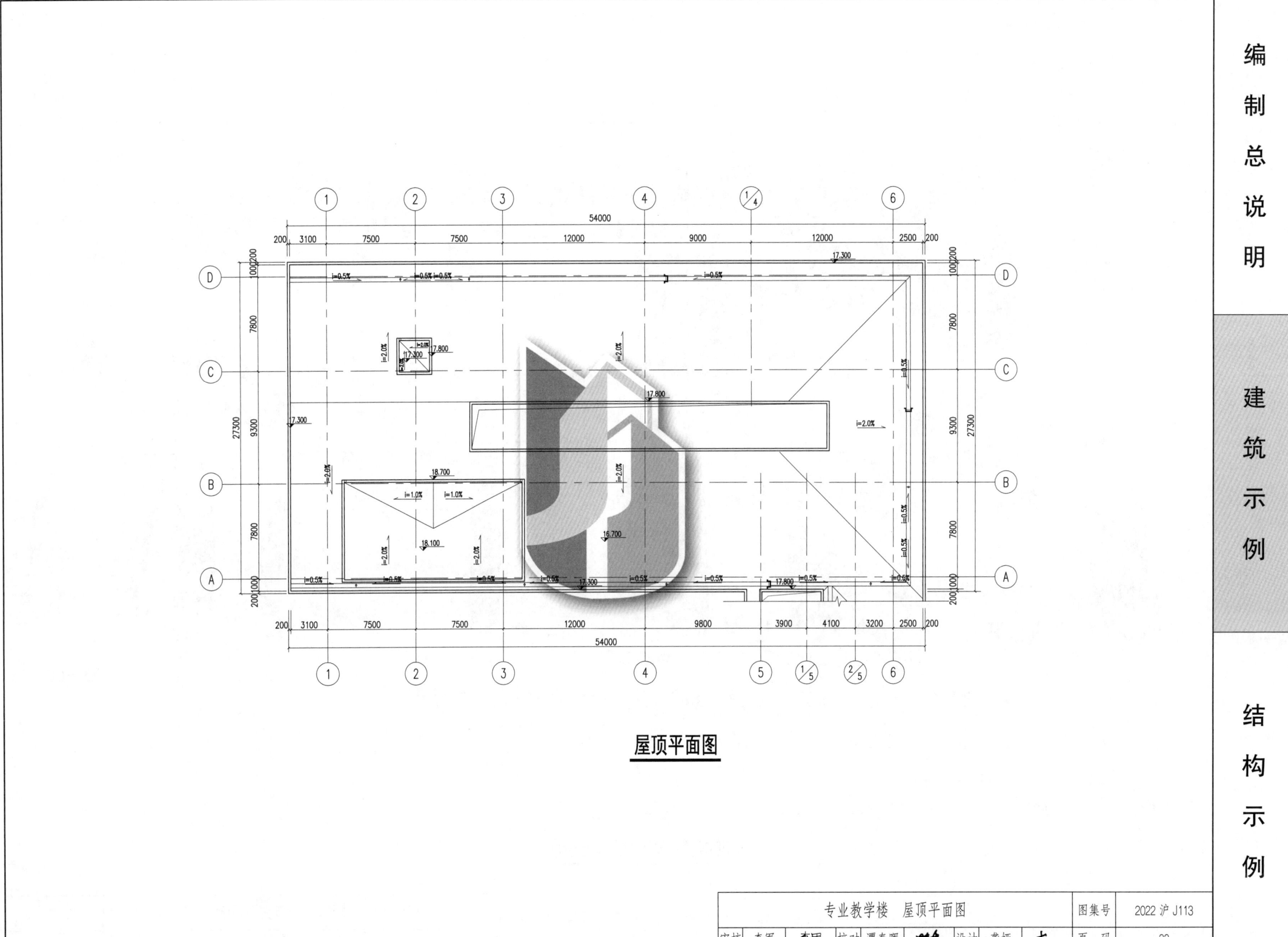

屋顶平面图

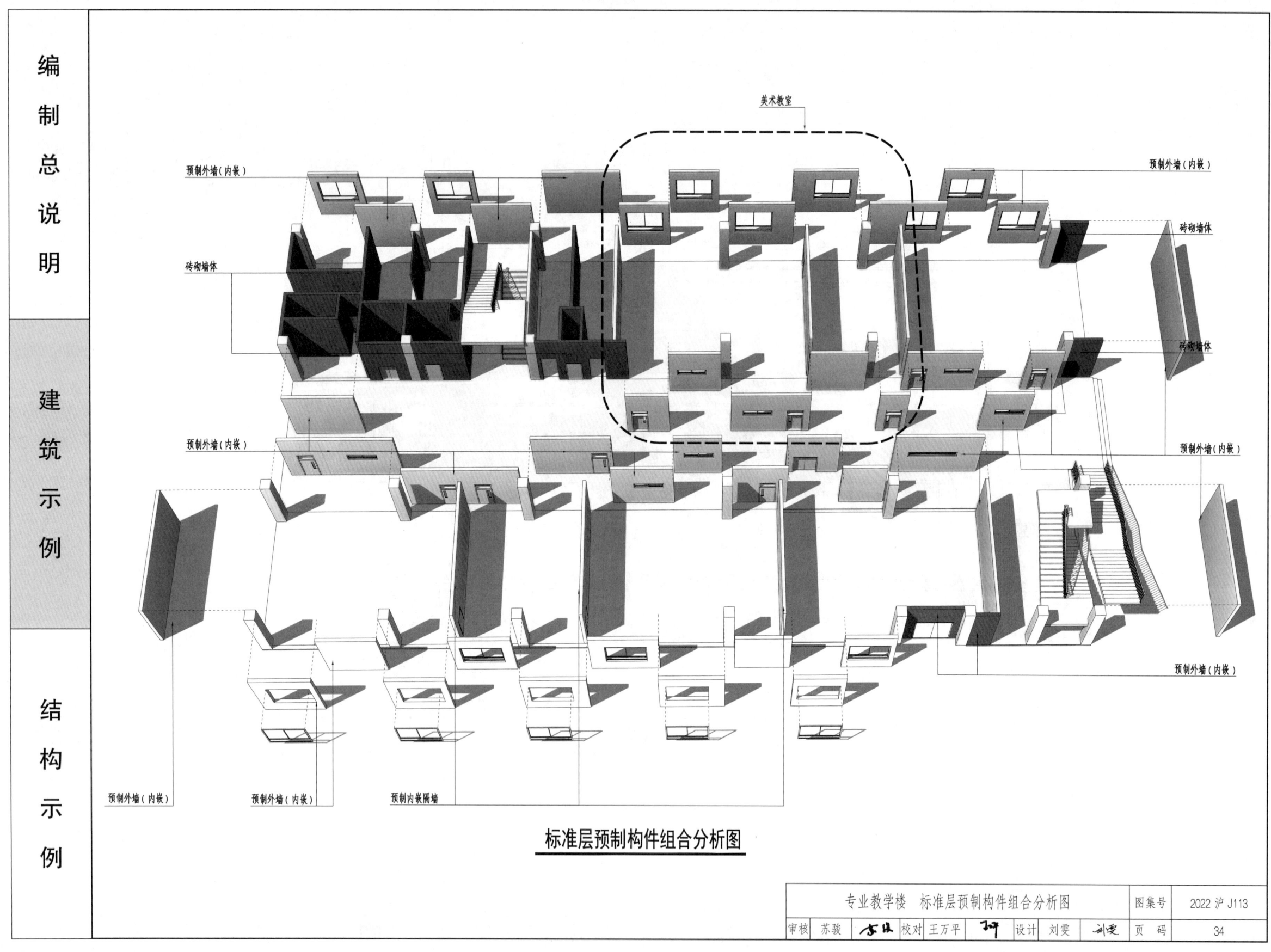

标准层预制构件组合分析图

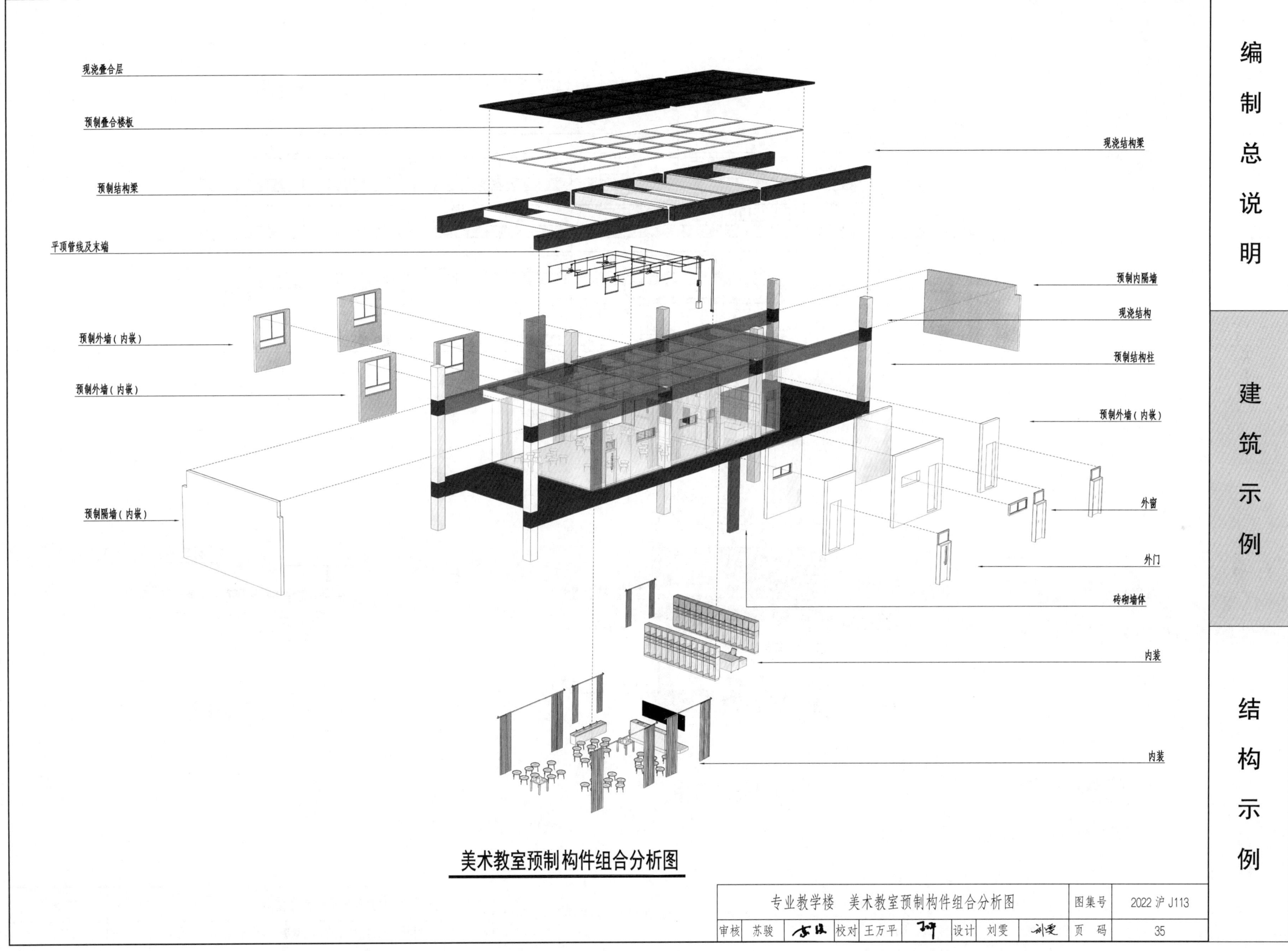

美术教室预制构件组合分析图

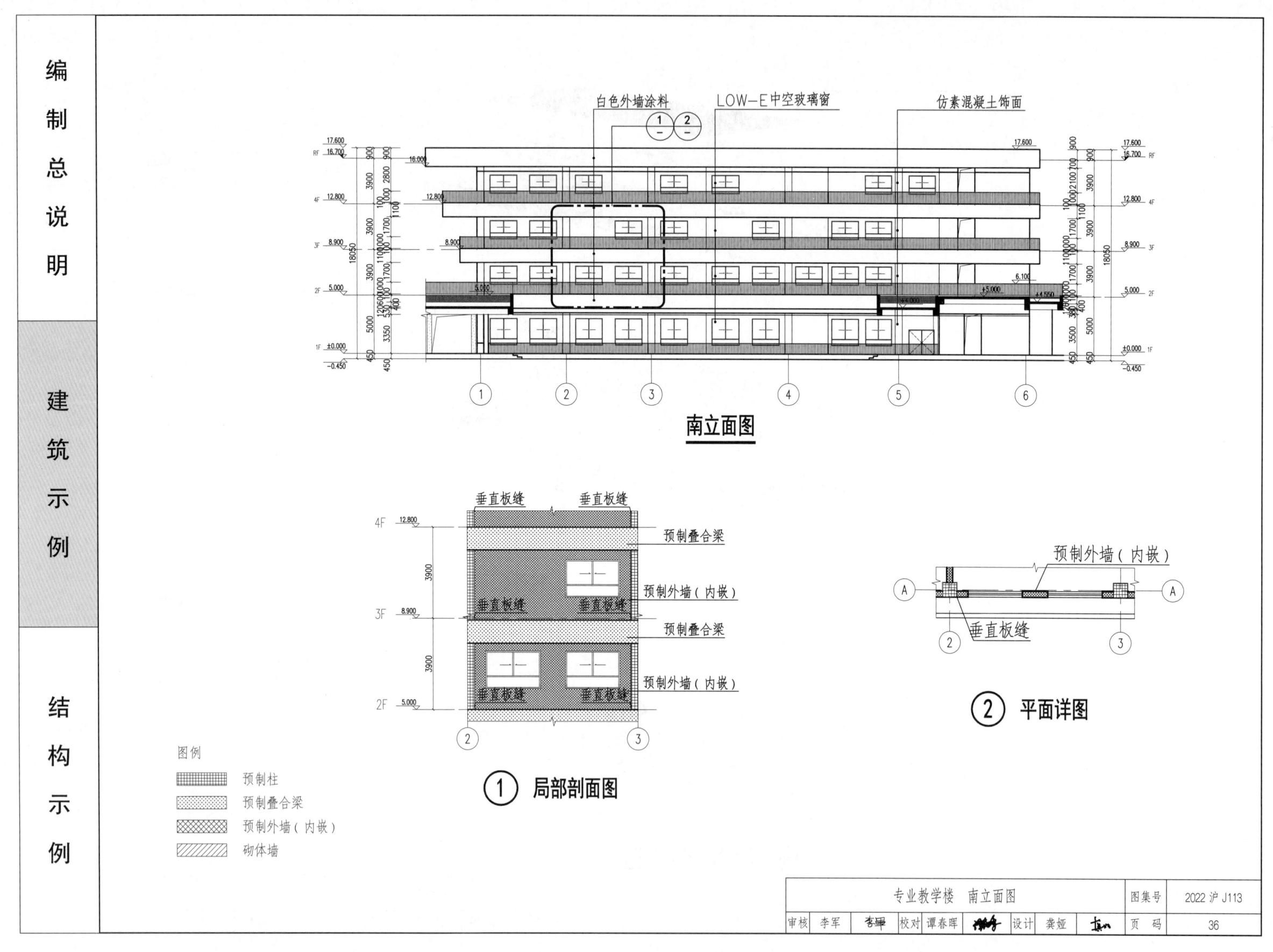

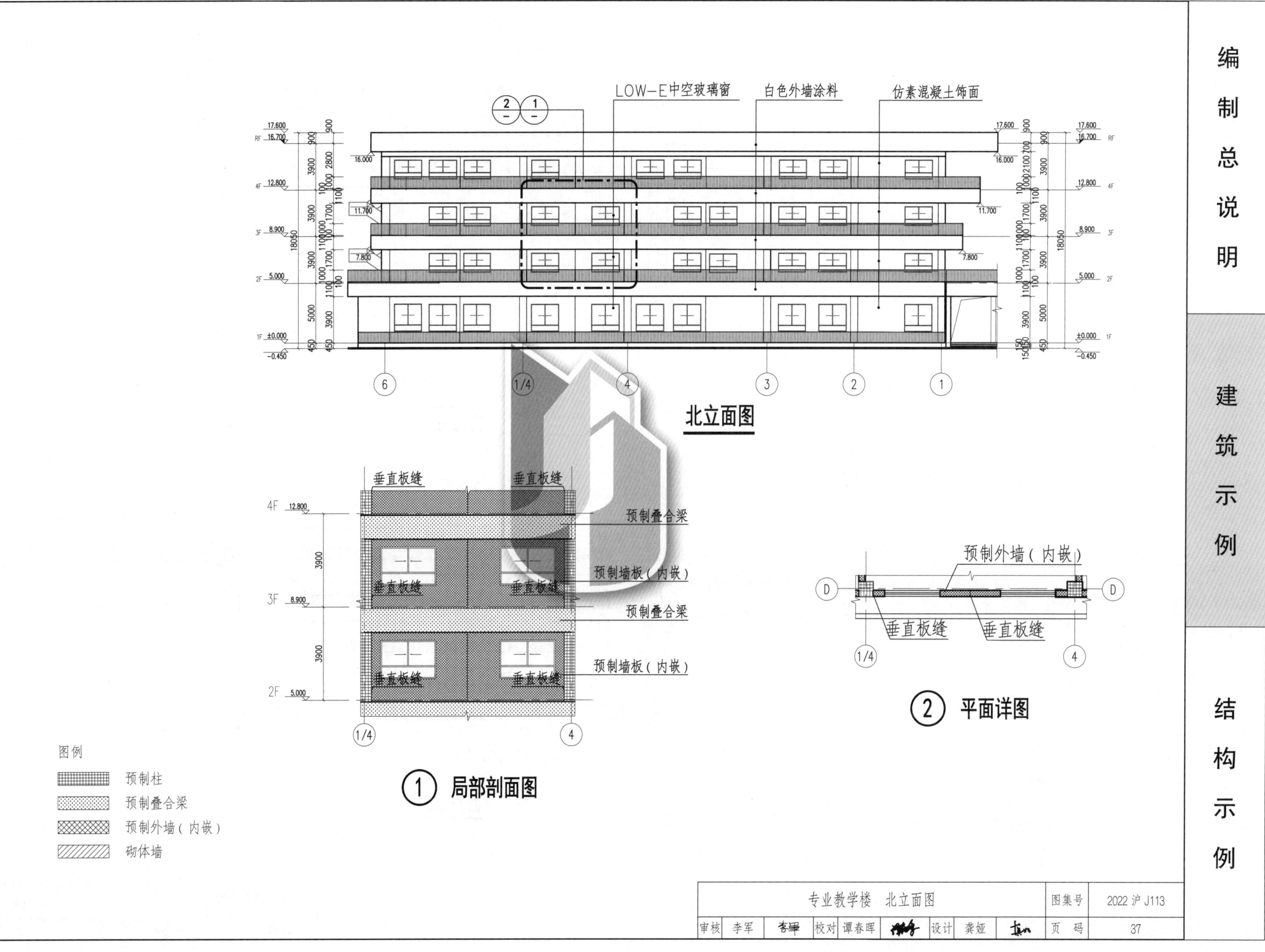

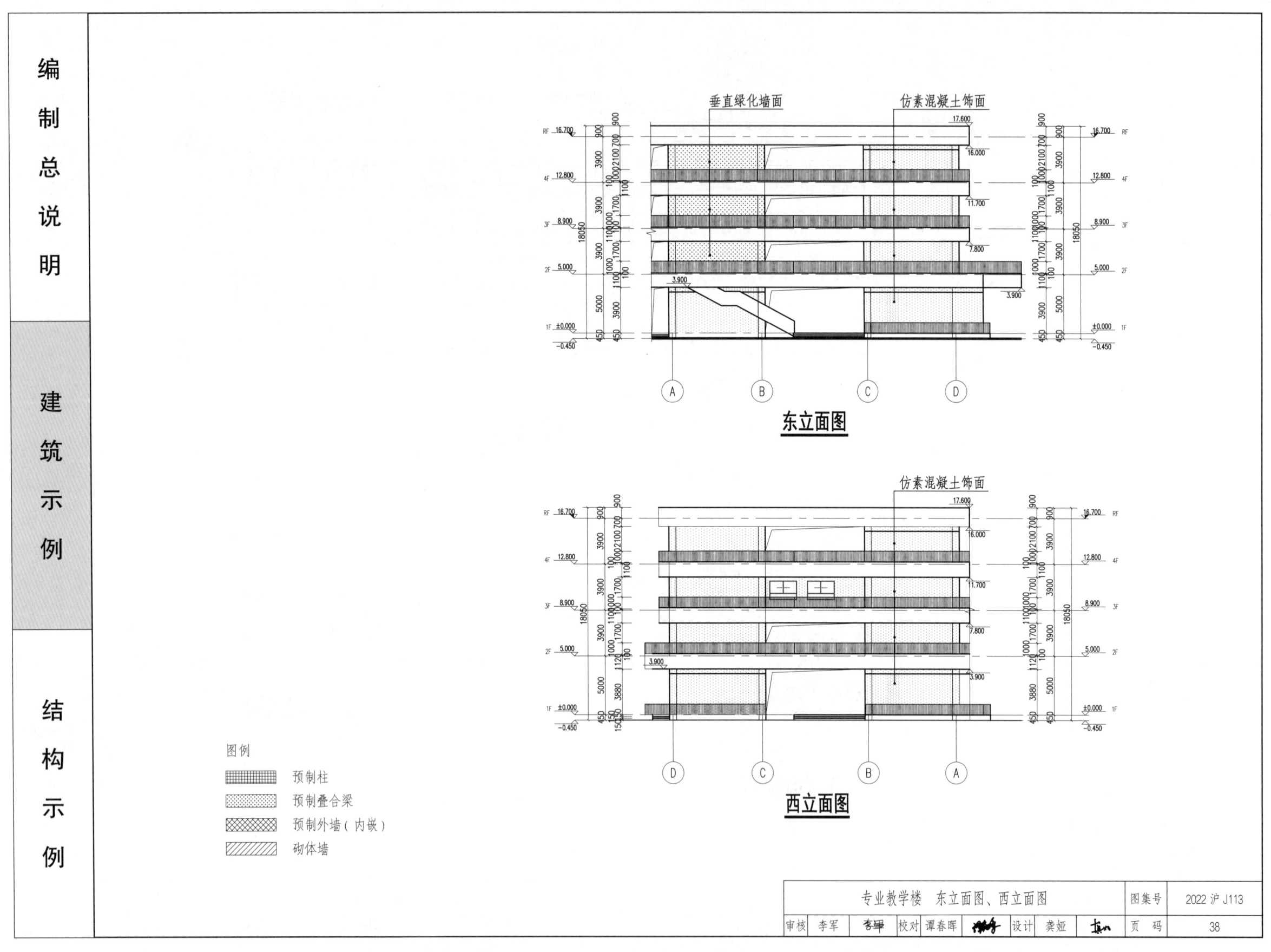

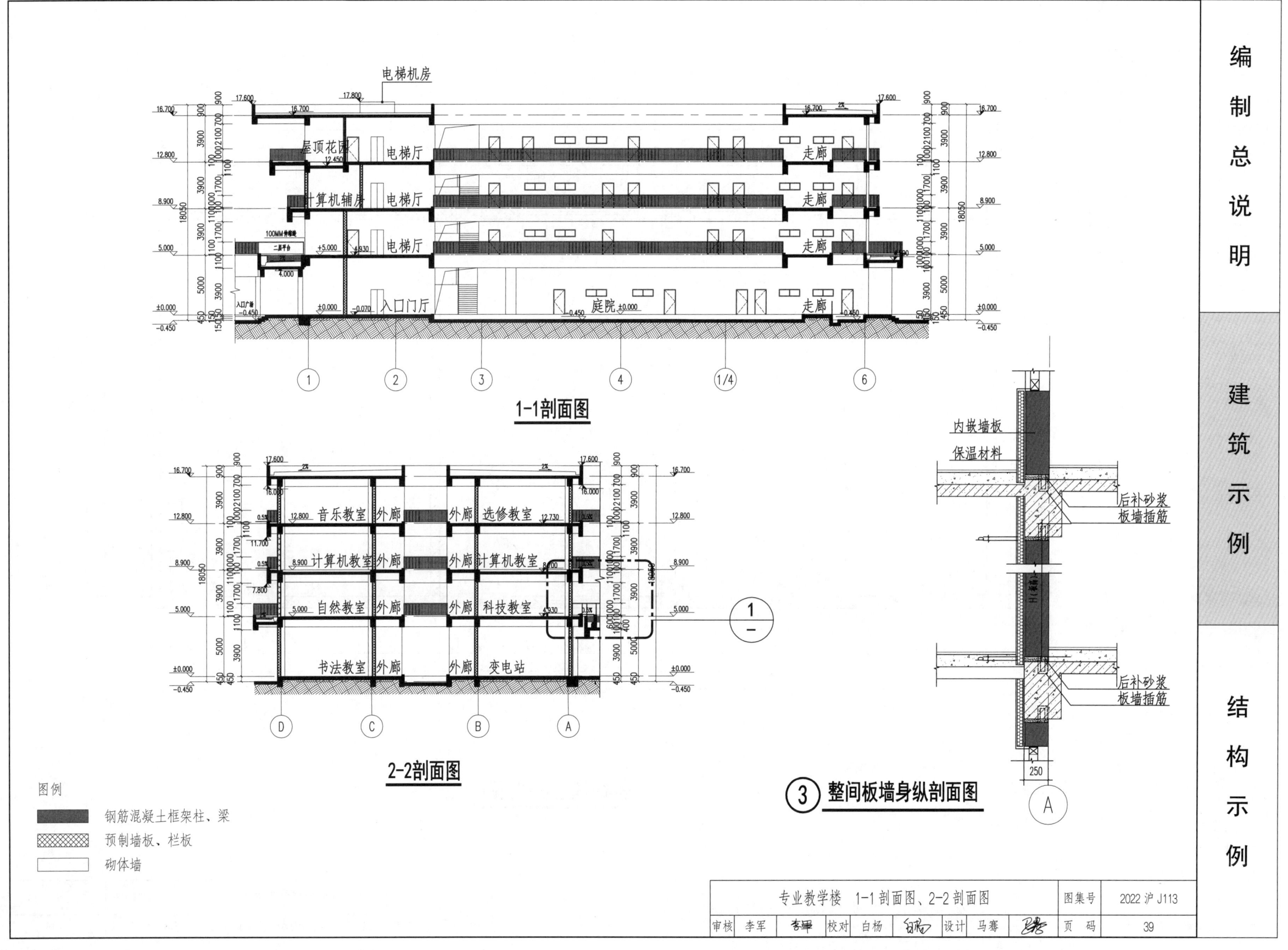

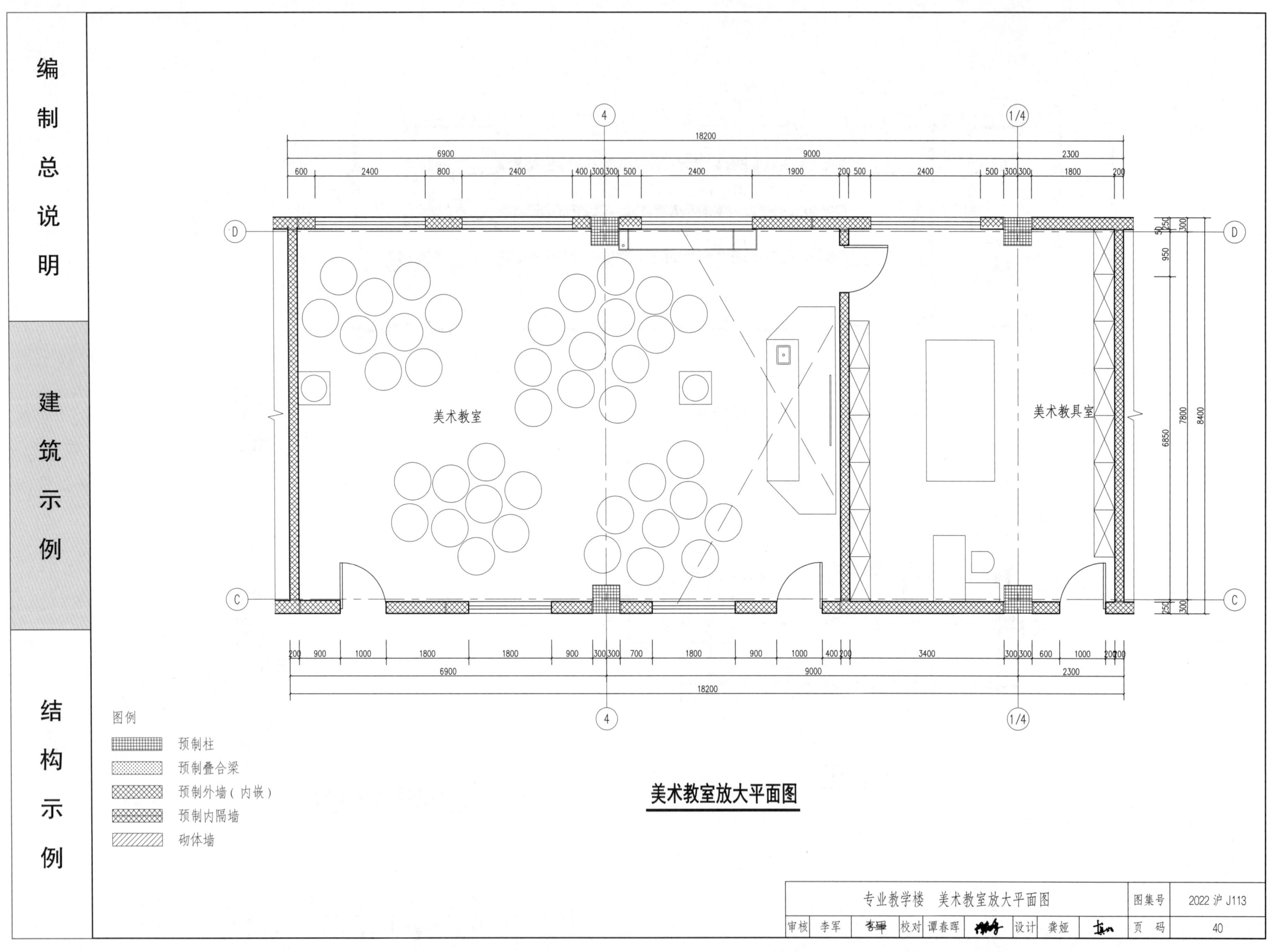

美术教室放大平面图

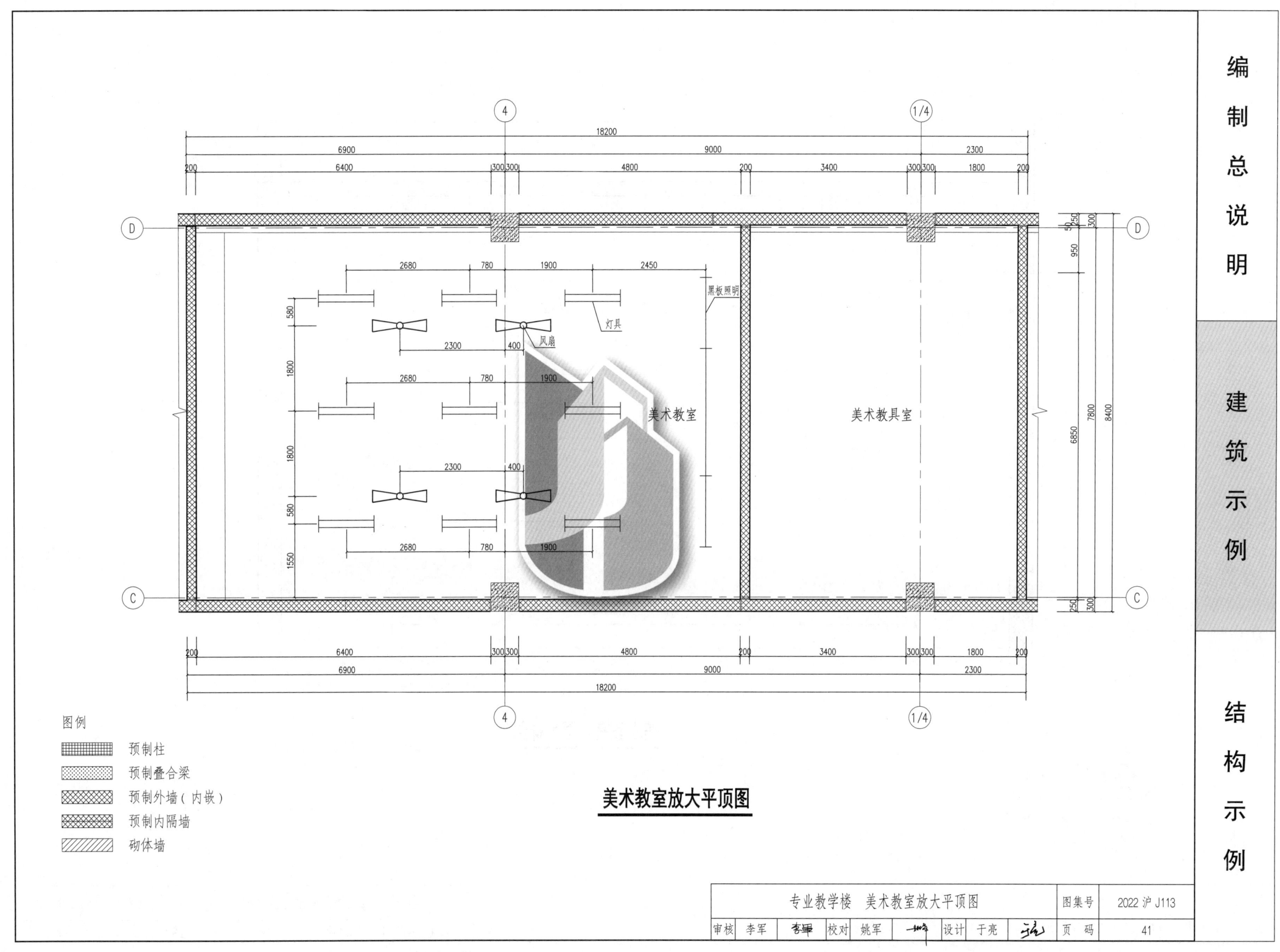

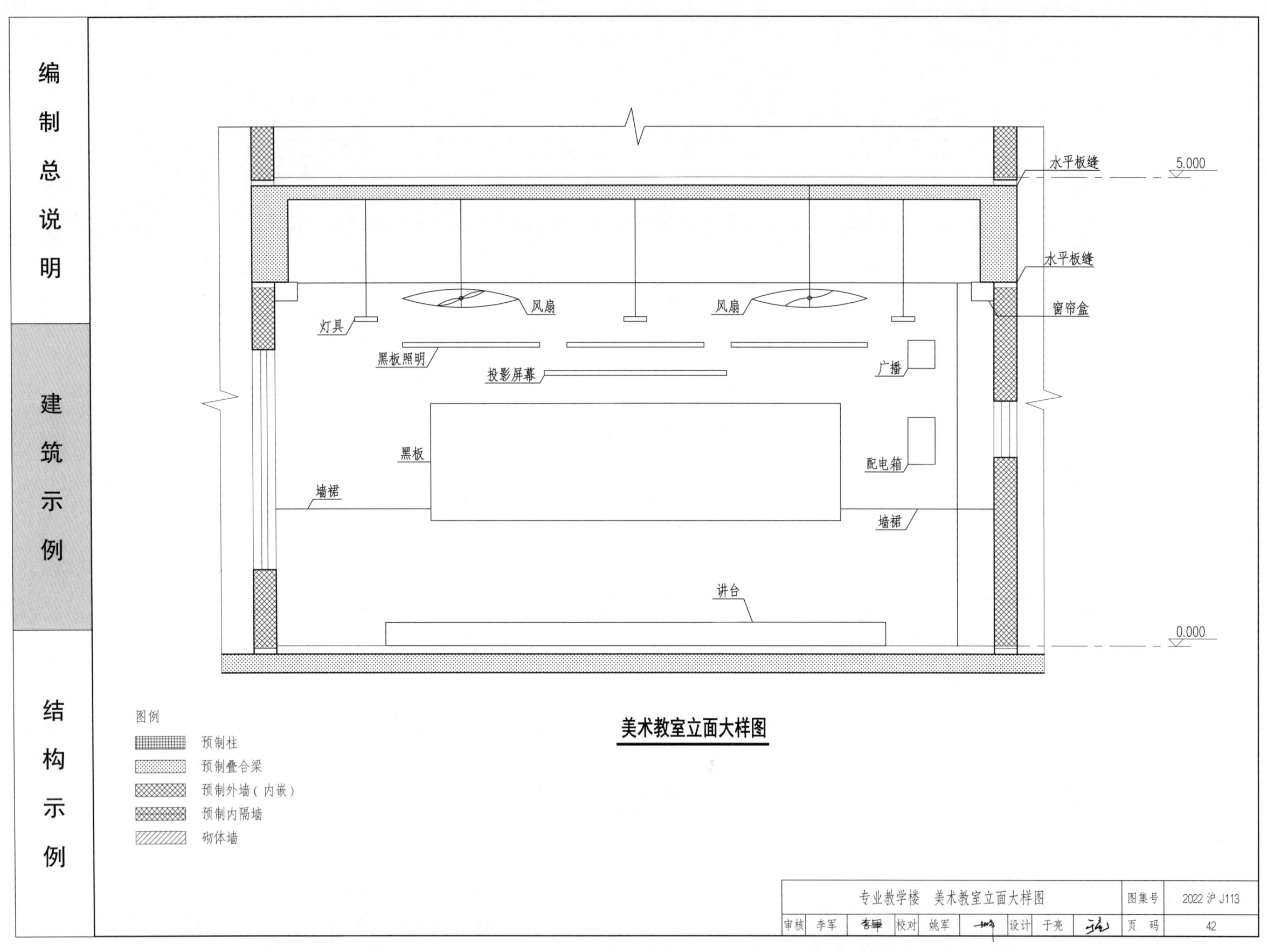

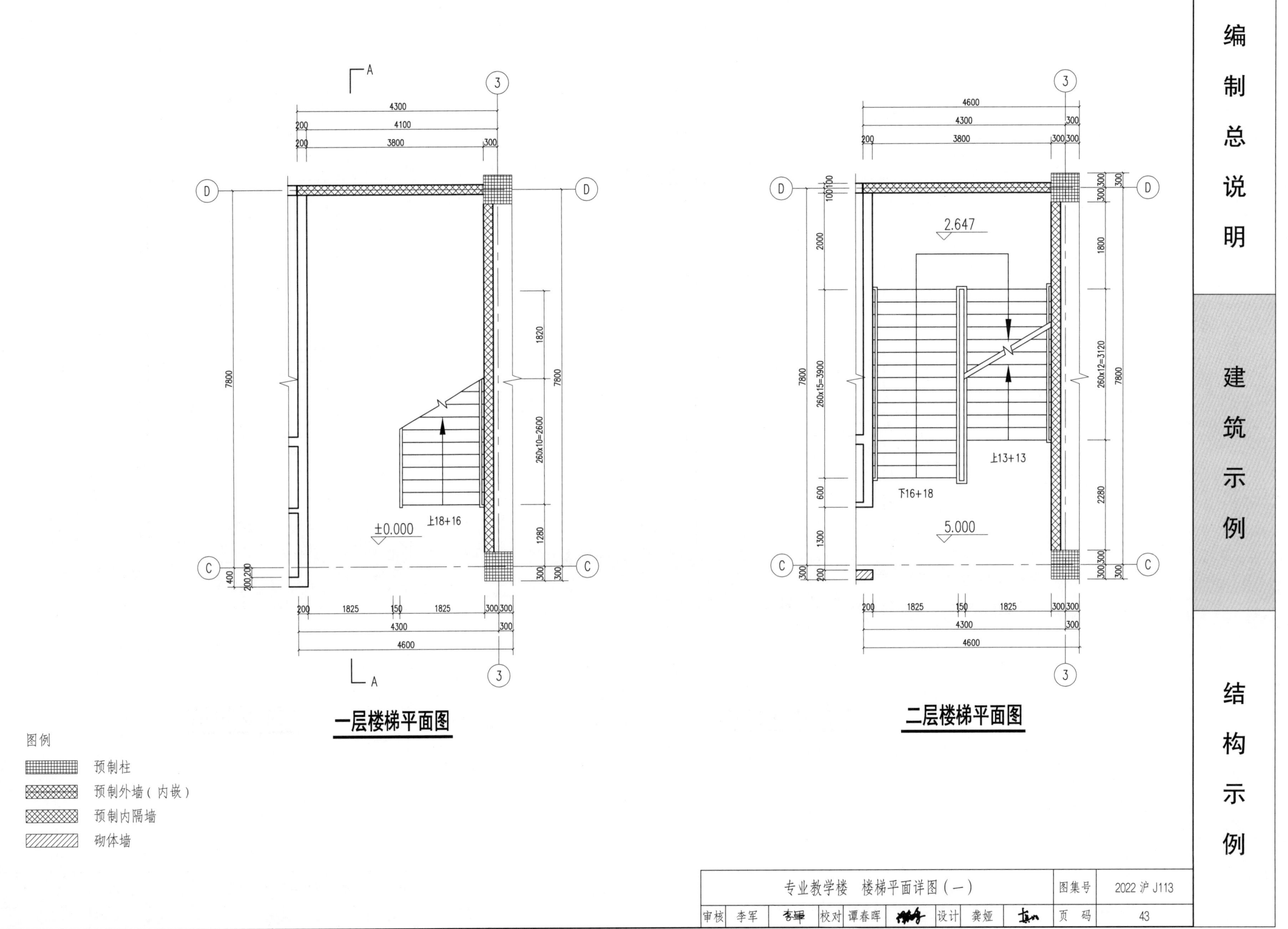

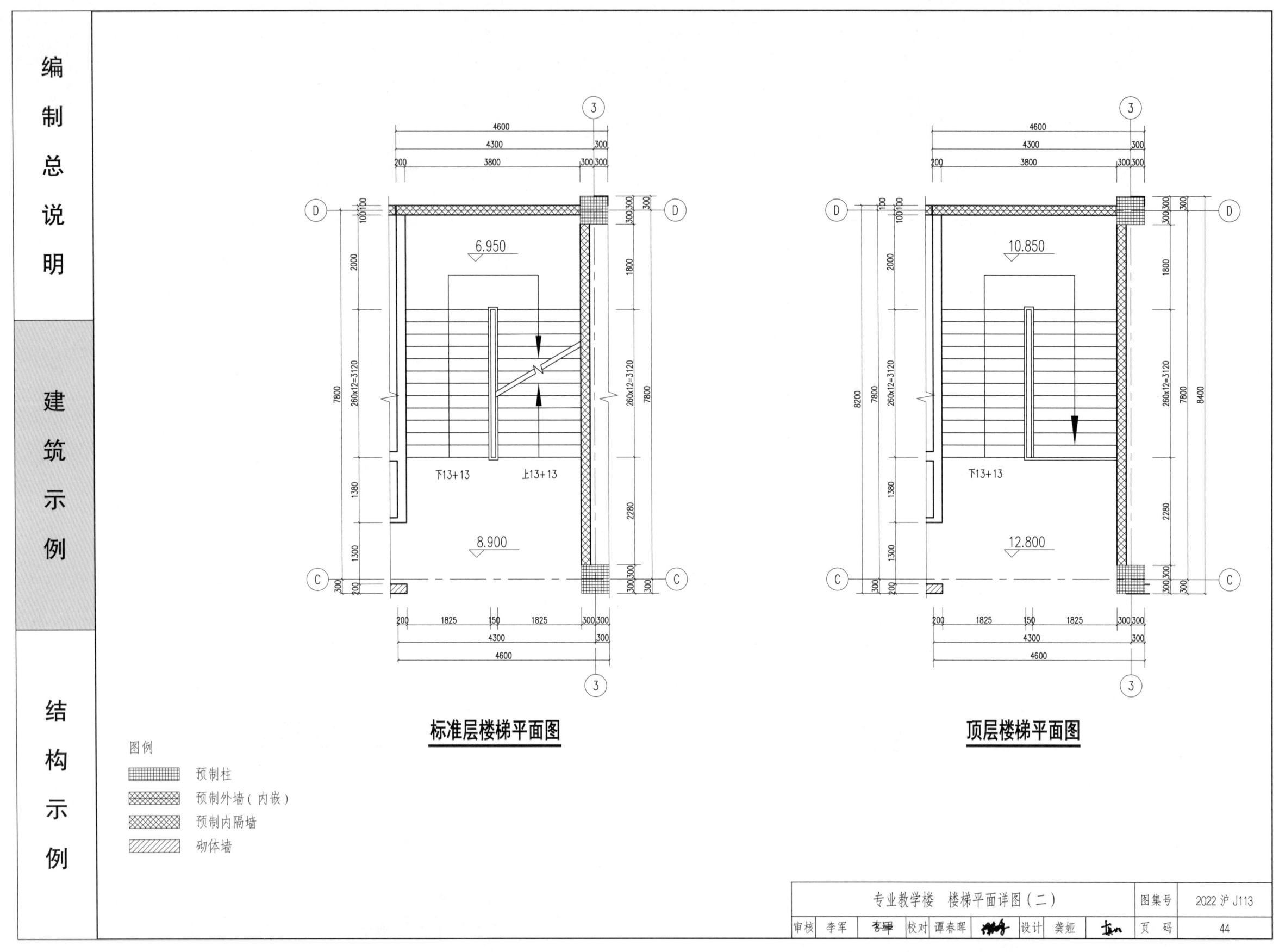

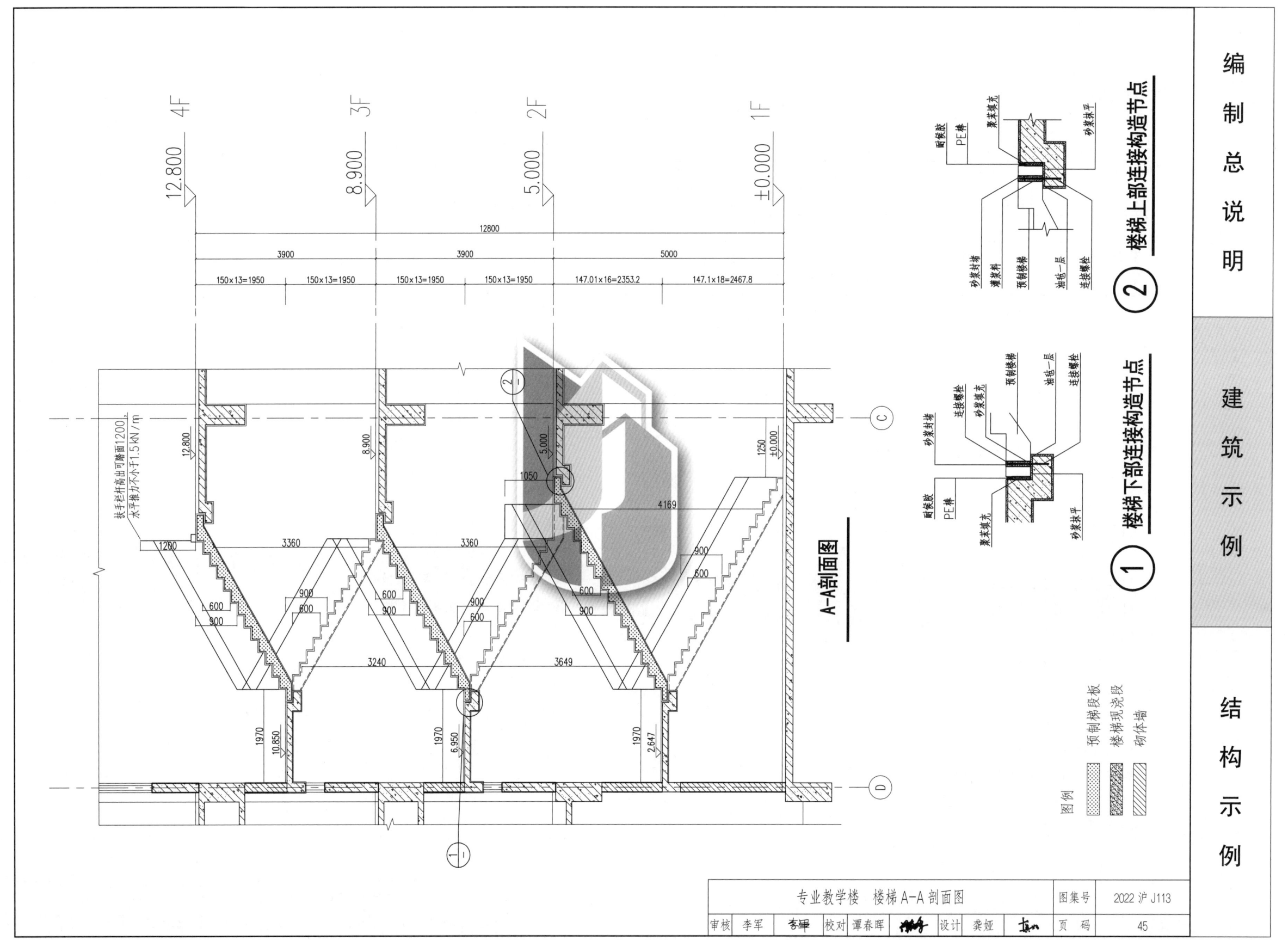

结构专业施工图设计说明

1 工程概况
1.1 本工程为装配整体式混凝土结构，装配式建筑面积为19500m²，具体见表1.1。

表1.1 工程概况

楼号	结构体系	抗震等级	地上层数	装配范围	预制率
多功能教室	装配整体式框架结构	二级	二层	二层	41.52%
食运楼	装配整体式框架结构	二级	四层	一~四层	44.06%
普通教学楼	装配整体式框架结构	二级	四层	一~四层	45.73%
专业教学楼	装配整体式框架结构	二级	四层	一~四层	40.36%

1.2 预制的构件类型有预制框架柱、预制框架梁、预制楼层次梁、预制叠合板、预制楼梯踏步、预制夹心保温外墙、预制栏板。

2 设计依据
2.1 本图集根据沪建标定〔2016〕1053号文《关于印发〈2017年上海市建筑标准设计编制计划〉的通知》进行编制。

2.2 设计所依据的标准、规范、规程及政府主管部门的规范性文件

《建筑结构可靠度设计统一标准》	GB 50068-2018
《建筑结构荷载规范》	GB 50009-2012
《混凝土结构设计规范》	GB 50010
《建筑抗震设计规范》	GB 50011
《混凝土结构工程施工规范》	GB 50666
《装配式混凝土结构技术规程》	JGJ 1
《钢筋连接用灌浆套筒》	JG/T 398
《钢筋连接用套筒灌浆料》	JG/T 408
《水泥基灌浆材料应用技术规范》	GB/T 50448
《钢筋套筒灌浆连接应用技术规程》	JGJ 355
《钢筋机械连接技术规程》	JGJ 107
《混凝土结构工程施工质量验收规范》	GB 50204
《钢筋锚固板应用技术规程》	JGJ 256
《建筑抗震设计标准》	DG/TJ 08-9
《装配整体式混凝土公共建筑设计规程》	DG/TJ 08-2154
《装配整体式混凝土结构施工及质量验收标准》	DG/TJ 08-2117
《装配整体式混凝土建筑检测技术标准》	DG/TJ 08-2252
《预制混凝土夹心保温外墙板应用技术标准》	DG/TJ 08-2158
《上海市装配式混凝土建筑工程设计文件编制深度规定》	沪建管〔2015〕182号

当依据的标准、规范进行修订或有新的标准、规范颁布实施时，本图集与现行工程建设标准不符的内容、限制或淘汰的技术或产品，视为无效。工程技术人员在参考使用时，应注意加以区分，并应对本图集相关内容进行复核后选用。

2.3 主要配套图集

《预制混凝土外墙挂板（一）》	16G110-2 16G333
《混凝土结构施工图平面整体表示方法制图规则和构造详图（现浇混凝土框架、剪力墙、梁、板）》	16G101-1
《混凝土结构施工图平面整体表示方法制图规则和构造详图（现浇混凝土板式楼梯）》	16G101-2
《装配式混凝土结构连接节点构造（2015年合订本）》	15G310-1~2
《装配式混凝土结构表示方法及示例（剪力墙结构）》	15G107-1
《预制混凝土剪力墙外墙板》	15G365-1
《预制混凝土剪力墙内墙板》	15G365-2
《桁架钢筋混凝土叠合板（60mm厚底板）》	15G366-1
《预制钢筋混凝土板式楼梯》	15G367-1
《预制钢筋混凝土阳台板、空调板及女儿墙》	15G368-1
《装配整体式混凝土住宅构造节点图集》	DBJT 08-116
《装配式整体式混凝土构件图集》	DBJT 08-121
《装配式整体式混凝土结构连接节点构造图集》	DBJT 08-126

3 一般要求
3.1 预制构件编号：PCZ-预制框架柱；PCKL-预制框架梁；PCL-预制次梁；
　　YDB-预制叠合楼板；YLTB-预制楼梯板；
　　WGQ-预制外挂墙板；WNQ-预制外墙；
　　JCP-钢板；JCB-螺栓；JCL-角钢；JU-吊钩；
　　JS-埋件。

结构专业施工图设计说明（一）　　图集号 2022沪J113

TT-XX：直螺纹套筒，XX为连接钢筋直径；

GT-XX：全灌浆套筒，XX为连接钢筋直径。

3.2 除特殊注明外，预制构件混凝土强度等级均为C35。混凝土原材料应符合《装配式混凝土结构技术规程》JGJ 1-2014中第4.1节的要求。

3.3 普通钢筋宜采用符合抗震性能指标的HRB400级钢筋；预制构件的吊环应采用未经冷加工的HRB300级钢筋制作。抗震等级为一、二、三级的框架梁、框架柱的纵向受力钢筋以及楼梯梯段的受力主筋采用普通钢筋时，钢筋应采用牌号带"E"的钢筋，钢筋的抗拉强度实测值与屈服强度实测值的比值不应小于1.25；钢筋的屈服强度实测值与屈服强度标准值的比值不应大于1.3，且钢筋在最大拉力下的总伸长率实测值不应小于9%。

3.4 吊装用内埋式螺母或吊杆的材料应符合国家现行相关标准及产品应用技术手册的规定。吊环应采用HPB300级钢筋制作，锚入混凝土的深度不应小于30d并应焊接或绑扎在钢筋龙骨上（d为吊环钢筋的直径）。

3.5 钢筋连接接头采用的套筒以及套筒相关材料要求及性能应符合《钢筋连接用灌浆套筒》JG/T 398的规定。钢筋套筒灌浆连接接头采用的灌浆料及预制墙的上下连接、预制柱的上下连接采用的灌浆料应符合《钢筋连接用套筒灌浆料》JG/T 408的规定。套筒灌浆料的性能应满足表3.5的要求。

表3.5 套筒灌浆料的技术性能

检测项目		性能指标
流动度（mm）	初始	≥ 300
	30min	≥ 260
抗压强度（MPa）	1d	≥ 35
	3d	≥ 60
	28d	≥ 85
竖向膨胀率（%）	3h	≥ 0.02
	24h与3h差值	0.02~0.5
最大氯离子含量（%）		≤ 0.03
泌水率（%）		0

3.6 预制构件连接部位坐浆材料的强度等级不应低于被连接构件混凝土强度等级，且应满足下列要求：砂浆流动度为130mm~170mm，1d抗压强度值为30MPa；预制楼梯与主体结构的找平层采用干硬性砂浆，其强度等级不低于M15。

3.7 采用机械锚固时，钢筋锚固板的材料应符合《钢筋锚固板应用技术规程》JGJ 256的规定。

3.8 钢筋连接采用机械连接时，接头性能应满足《钢筋机械连接技术规程》JGJ 107中Ⅰ级接头的要求。

3.9 梁顶贯通筋与支座筋均采用机械连接或焊接，故深化图中均不考虑顶筋搭接长度范围内箍筋加密。

4 预制构件制作及检验

4.1 应根据预制构件制作特点制定工艺流程，明确各项指标及质量控制要求。

4.2 模具应具有足够的刚度、强度、稳定性，模具构造应满足钢筋入模、混凝土浇捣和养护的要求，并便于清理和涂刷隔离剂。

4.3 制作模具的材料宜选用钢材，所选用的材料应有质量证明书或检验报告；模具安装应牢固、严密、不漏浆，并符合构件精度要求。

4.4 构件浇筑成型前，应对模具、隔离剂涂刷、钢筋成品（骨架）质量、保护层控制措施、预留孔道、配件和埋件等环节进行隐蔽验收，符合有关标准规定和设计文件要求后方可浇筑混凝土。

4.5 预制构件与现浇混凝土的结合面应做自然粗糙面，粗糙面的面积不应小于结合面的80%，预制梁、柱、剪力墙结合面凹凸不小于6mm，预制板结合面凹凸不小于4mm；外露骨料的凹凸应沿整个结合面均匀连续分布；梁端键槽的深度t不宜小于30mm，宽度w不应小于深度的3倍且不宜大于深度的10倍，其他具体要求详见《装配式混凝土结构技术规程》JGJ 1的相关内容。

4.6 脱模起吊时，预制构件的同条件混凝土立方抗压强度应达到设计值的75%且不小于15N/mm^{2}时方可拆模起吊。

4.7 预制构件模具的允许偏差、预制构件的允许尺寸偏差应符合《装配式混凝土结构技术规程》JGJ 1的相关规定，预制构件应按设计要求和《混凝土结构工程施工质量验收规范》GB 50204的有关规定进行结构性能检验。

5 运输要求

5.1 预制构件运输时，车上应设有专用架，且有可靠的稳定构件措施。预制构件混凝土强度达到设计强度时方可运输。

5.2 预制构件运输时，应采用木材、混凝土块或专用支垫作为支撑物，构件接触部位用柔性垫片填实，应支撑牢固，不得有松动。

5.3 预制叠合楼板、预制楼梯、预制栏板可采用平放运输，并应正确选择支垫位置，可采取两支点的方式，两支点设置在距离板端1/5~1/4板长度处。必要时应验算，以防止开裂。

5.4 预制梁、柱均采用平放运输，宜采取两支点的方式，两支点设置在距离板端1/5~1/4构件长度处。必要时应验算，以防止开裂。

6 堆放要求

6.1 预制构件运送到施工现场后，应按规格、品种、所用部位、吊装顺序分别设置堆场；现场驳放堆场应设置在高吊工作范围内，最好为正吊，堆垛之间宜设置通道。

结构专业施工图设计说明（二）	图集号	2022沪J113
	页码	47

6.2 现场运输道路和堆放堆场应平整坚实，并有排水措施。运输车辆进入施工现场的道路，应满足预制构件的运输要求。卸放、吊装工作范围内不得有障碍物，并应有满足预制构件周转使用的场地。现场堆置一般按一层数量为单位。

6.3 预制叠合楼板、楼梯可采用叠放方式，层与层之间应垫平、垫实，各层支垫应上下对齐，最下面一层支垫应通长设置，叠放层数不应大于6层（对于阳台、楼梯不应大于4层）；预制梁、柱叠放层数不宜超过2层。

7 吊装施工要求

7.1 施工单位应编制详细的施工组织设计和专项施工方案。

7.2 预制构件安装前，应按吊装流程核对构件编号、清点数量。预制构件吊装前，应根据预制构件的单件重量、形状、安装高度、吊装现场条件来确定机械型号与配套吊具，回转半径应覆盖吊装区域，并便于安装与拆除。

7.3 预制构件吊装应采用慢起、快升、缓放的操作方式，预制构件吊装前应进行试吊，吊钩与限位装置的距离不应小于1m。起吊应依次逐级增加速度，不应越档操作。构件吊装下降时，构件根部应系好缆风绳控制构件转动，保证构件就位平稳。

7.4 未作特殊说明时，吊装须使用型钢扁担（图7.4），所用吊具材质、规格、强度必须满足国标要求。吊具须有专人管理并做好使用记录，每次使用前应检查损坏情况。对于大开洞等构件的薄弱部位，构件厂应作加强构造处理，且加强件应在吊装完成后拆除。

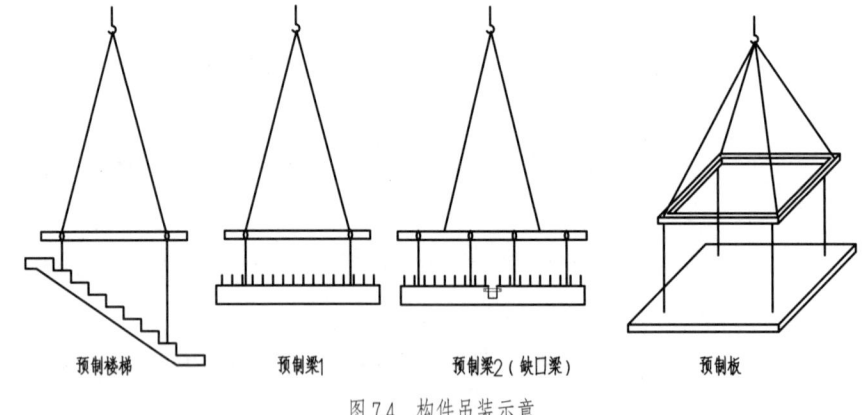

图7.4 构件吊装示意

7.5 叠合梁、叠合板施工时应设置临时支撑，第一道横向支撑到支座边不大于0.5m，最大支撑间距不大于2m，悬挑构件应层层设置支撑。在叠合层浇筑完成且结构达到设计强度要求后方可拆除。

7.6 安装允许偏差范围详见《装配式混凝土结构技术规程》JGJ1和《装配整体式混凝土结构预制构件制作与质量检验规程》DGJ 08-2069的要求。

8 构件与现浇结构连接

8.1 后浇混凝土应满足设计要求，浇筑时不应漏浆，在浇混凝土之前应清扫并洒水湿润混凝土结合面，混凝土应连续浇捣并振捣密实。

8.2 装配整体式结构连接部位后浇混凝土或灌浆料强度达到设计要求后方可拆除支撑及进行上部结构吊装施工。

8.3 受弯叠合构件的施工要求：叠合受弯构件的支撑应根据设计或施工方案的要求设置，支撑的标高除满足设计外，还应考虑支承系统自身的变形；施工活荷不得超过15kN/m²；未经设计允许，不得切割楼板或开洞；任何情况下，不得将预制构件上的外伸锚固钢筋弯曲或割除，以保证结构的安全性；叠合受弯构件应在后浇混凝土达到设计强度后方可拆卸支撑。

8.4 预制楼梯与现浇梁板采用预埋件焊接连接时，应先施工梁板，后放置、焊接楼梯；采用锚固钢筋连接时，应先放置楼梯，后施工梁板。

8.5 在起始层，现浇柱需根据梁柱节点中柱纵筋的排布进行详细定位放样，并在楼层位置采用钢板进行定位，以防止柱钢筋在混凝土浇筑振捣过程引起过大变形，影响预制梁的安装。

8.6 预制梁的吊装需严格按照梁柱节点给出的吊装顺序，确保能顺利安装到位。按照梁高从高到低的原则依次进行吊装。

8.7 预制构件与后浇混凝土、灌浆料、坐浆材料的结合面应设置粗糙面及键槽，并符合《装配式结构技术规程》JGJ 1-2014中第6.5.5条的要求。

9 钢筋连接用套筒灌浆操作要求

9.1 预制构件受力钢筋的套筒灌浆连接接头应采用同一供应商配套提供并由专业工厂生产的灌浆套筒和灌浆料，其性能应满足《钢筋机械连接技术规程》JGJ 107中Ⅰ级接头的要求，并应符合国家现行相关标准的规定。

9.2 钢筋套筒灌浆连接的施工应符合《钢筋套筒灌浆连接应用技术规程》JGJ 355的相关要求。

9.3 预制结构构件采用钢筋套筒灌浆连接时，应在构件生产前进行钢筋套筒灌浆连接接头的抗拉强度试验，每种规格不少于3个。

9.4 施工单位应对灌浆施工操作人员进行培训，取得合格证后方可作业。

9.5 套筒灌浆时要求监理单位一起参加旁站，逐个逐项检查，并做好相关记录，必须确保连接节点施工质量。

9.6 灌浆路径过长时应分仓处理。对于预制剪力墙钢筋的套筒灌浆，分仓长度沿墙长方向不宜大于

1.5m，并应对各仓接缝周围进行封堵。封堵措施应符合结合面承载力设计要求，且单边入墙厚度不应大于20mm。

9.7 螺纹盲孔（或波纹管）的灌浆参照套筒施工，灌浆料同套筒灌浆料。灌浆前应检查螺纹盲孔内是否阻塞或有杂物，灌浆时由下孔灌入，上孔冒浆即为灌满。灌满后及时用皮塞塞紧。

10 预制构件接缝及门窗洞口处的防水做法

10.1 预制构件接缝及门窗洞口处的防水做法应严格按照设计详图要求施工。

10.2 外墙接缝处的密封材料应与混凝土具有相容性以及规定的抗剪切和伸缩变形能力，并应具有防霉、防水、防火、耐候等性能，且符合相应的国家标准的要求；密封止水带宜采用三元乙丙橡胶或氯丁橡胶等高分子材料，并符合《高分子防水材料 第2部分：止水带》GB 18173.2 中 J 型的要求；接缝处密封胶的背衬材料宜选用聚乙烯塑料棒或发泡氯丁橡胶，直径不小于缝宽的 1.5 倍。

10.3 水平板缝方形 PE 棒粘贴前须清扫清沟内渣物且粘贴牢固；预制墙板上端方形橡胶条与侧面圆形橡胶条由预制构件厂出厂前粘贴牢固。预制墙板缝外侧耐候胶厚度应不小于10mm；打胶中断处应45°对接，以保证耐候胶的密封连续性；窗框四周预留 6mm×6mm 胶槽，满打耐候胶。

11 质量验收与施工安全

11.1 装配整体式混凝土构件应按分项工程进行验收；装配式结构应按混凝土结构子分部工程进行验收。

11.2 构件制作的模板分项工程、钢筋分项工程和混凝土分项工程质量验收，除应符合《装配整体式混凝土结构预制构件制作与质量检验规程》DGJ 08-2069 的规定外，尚应符合《装配式混凝土结构技术规程》JGJ 1 和《混凝土结构工程施工质量验收规范》GB 50204 的有关规定。

11.3 装配式结构验收除应符合《装配整体式混凝土结构施工及质量验收规范》DGJ 08-2117 的规定外，还应符合《装配式混凝土结构技术规程》JGJ 1 和《混凝土结构工程施工质量验收规范》GB 50204 的有关规定。

11.4 预制构件临时吊装支撑应符合设计要求及相关技术标准要求，安装就位后应采取保证结构构件稳定的临时固定措施或设置相应的装配支撑；装配整体式混凝土构件安装过程中的临时支撑和拉结应具有足够的承载力和刚度。

11.5 预制结构施工过程中应严格按照《建筑施工安全检查标准》JGJ 59、《建筑施工现场环境与卫生标准》JGJ 146 和《危险性较大的分部分项工程安全管理规定》(建办质〔2018〕31号) 等的有关规定执行。

12 其他事项

12.1 施工时应与建筑、水、暖、电各专业图纸密切配合，预埋管道管线。

12.2 应根据《民用建筑电气设计规范》JGJ 16 的要求，做好防雷接地措施（图 12.2）。

12.3 其他未尽事宜请参照国家有关标准规范和规程的规定执行。

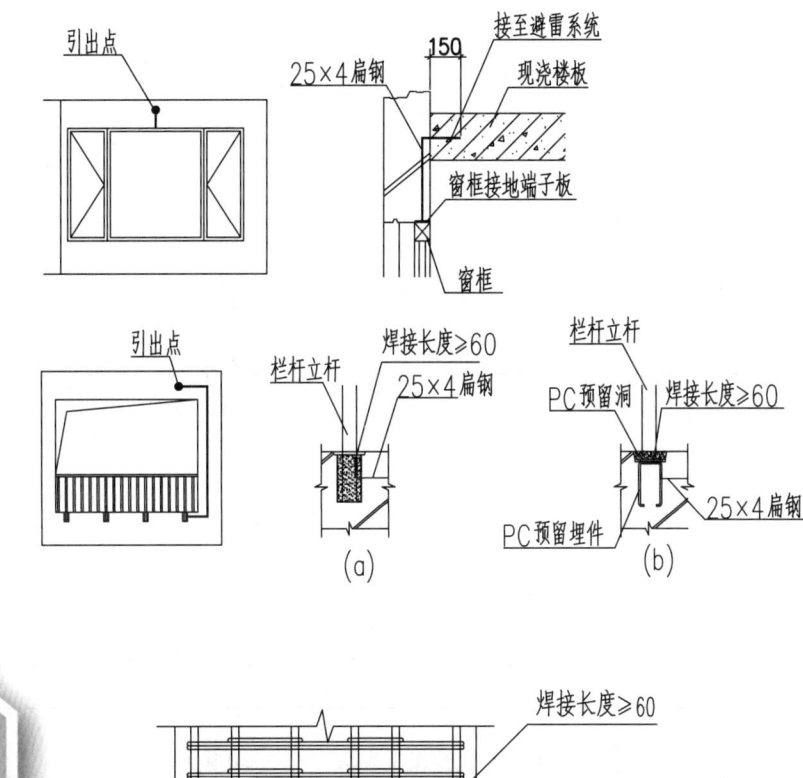

注：每根预制柱选取角部两根主筋做防雷引下线。

图 12.2 构件防雷装置做法

编制总说明 / 建筑示例 / 结构示例

13 构件名称说明

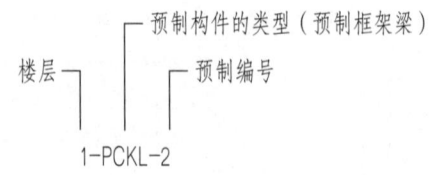

14 预制率指标计算

本项目普通教学楼和专业教学楼预制率指标计算见表14.1和14.2。

表14.1 普通教学楼预制率计算表（方法二计算）

构件类型	梁（m）	楼板（m²）	柱（根）	墙体（m）	楼梯	凸窗	阳台板	空调板	女儿墙
预制构件	1326.75	3347.8	137	752.4					
全部构件	3860	4794.2	208	1219.6					
预制比例	34.4%	69.8%	65.9%	61.7%	66.0%				
权重系数	0.22	0.28	0.10	0.27	0.10				
修正系数	0.70	0.40	0.90	0.90	1.00				
预制率比例	5.30%	7.8%	6.20%	15.8%	6.6%				
单体预制率	41.5%								

表14.2 专业教学楼预制率计算表（方法二计算）

构件类型	梁（m）	楼板（m²）	柱（根）	墙体（m）	楼梯	凸窗	阳台板	空调板	女儿墙
预制构件	955.25	3122.5	78	888.2					
全部构件	2364.25	3844.1	107	1000.3					
预制比例	40%	81%	75%	89%					
权重系数	0.22	0.28	0.10	0.27	0.10				
修正系数	0.70	0.40	0.90	0.95	1.00				
预制率比例	6.2%	9.1%	6.8%	22.8%	7.5%				
单体预制率	52.3%								

结构专业施工图设计说明（五）

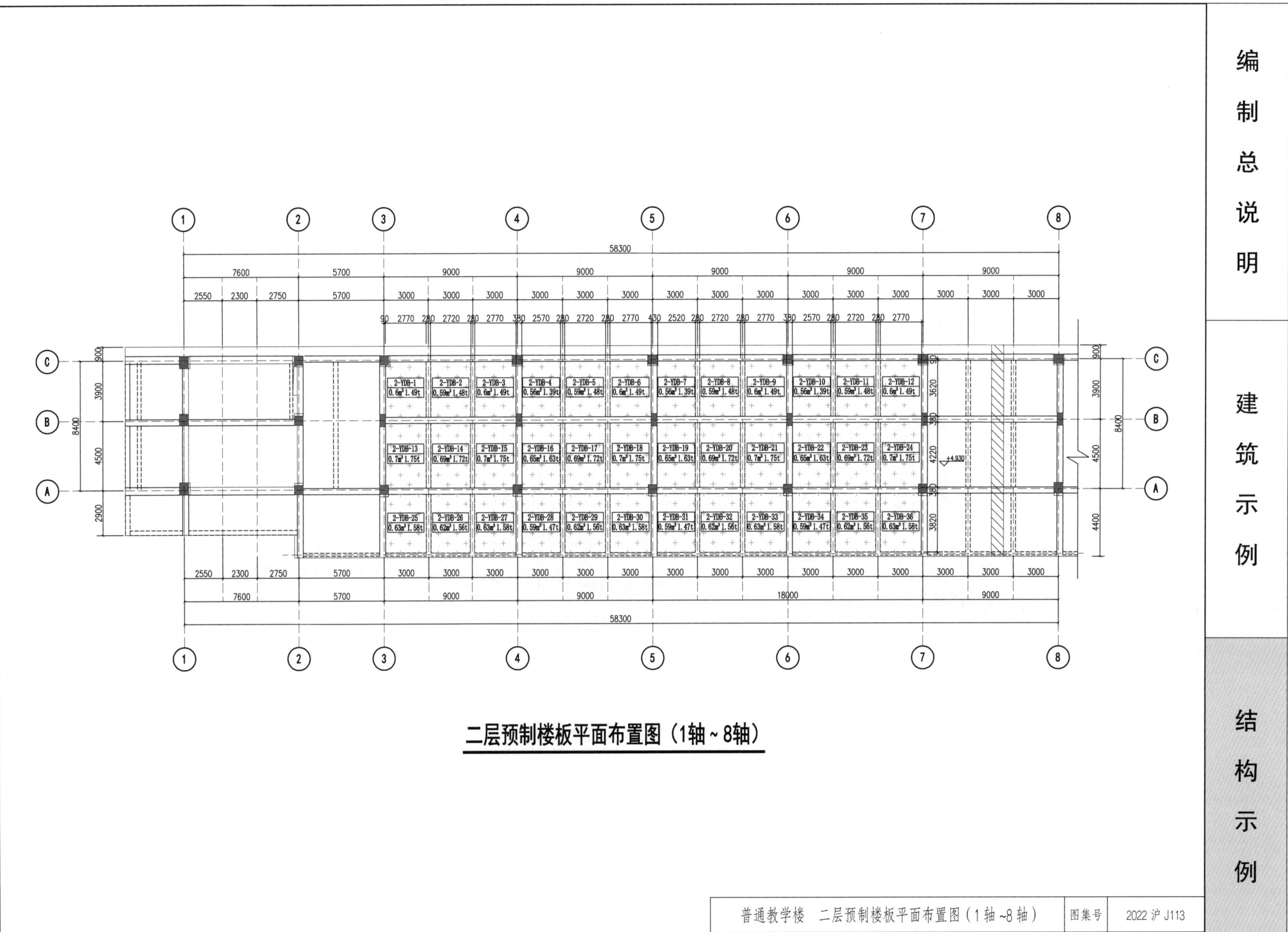

二层预制楼板平面布置图（1轴~8轴）

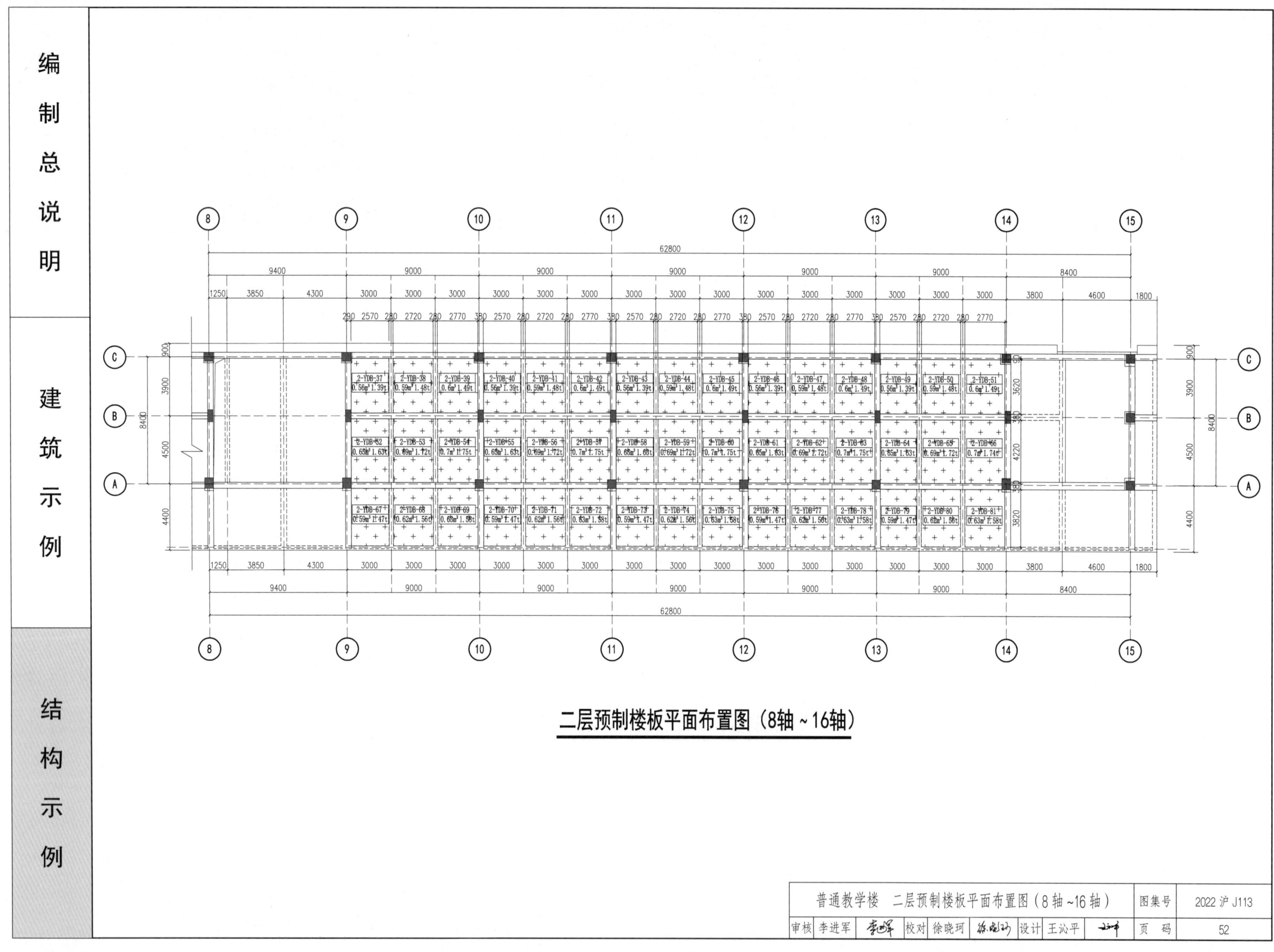

二层预制楼板平面布置图（8轴～16轴）

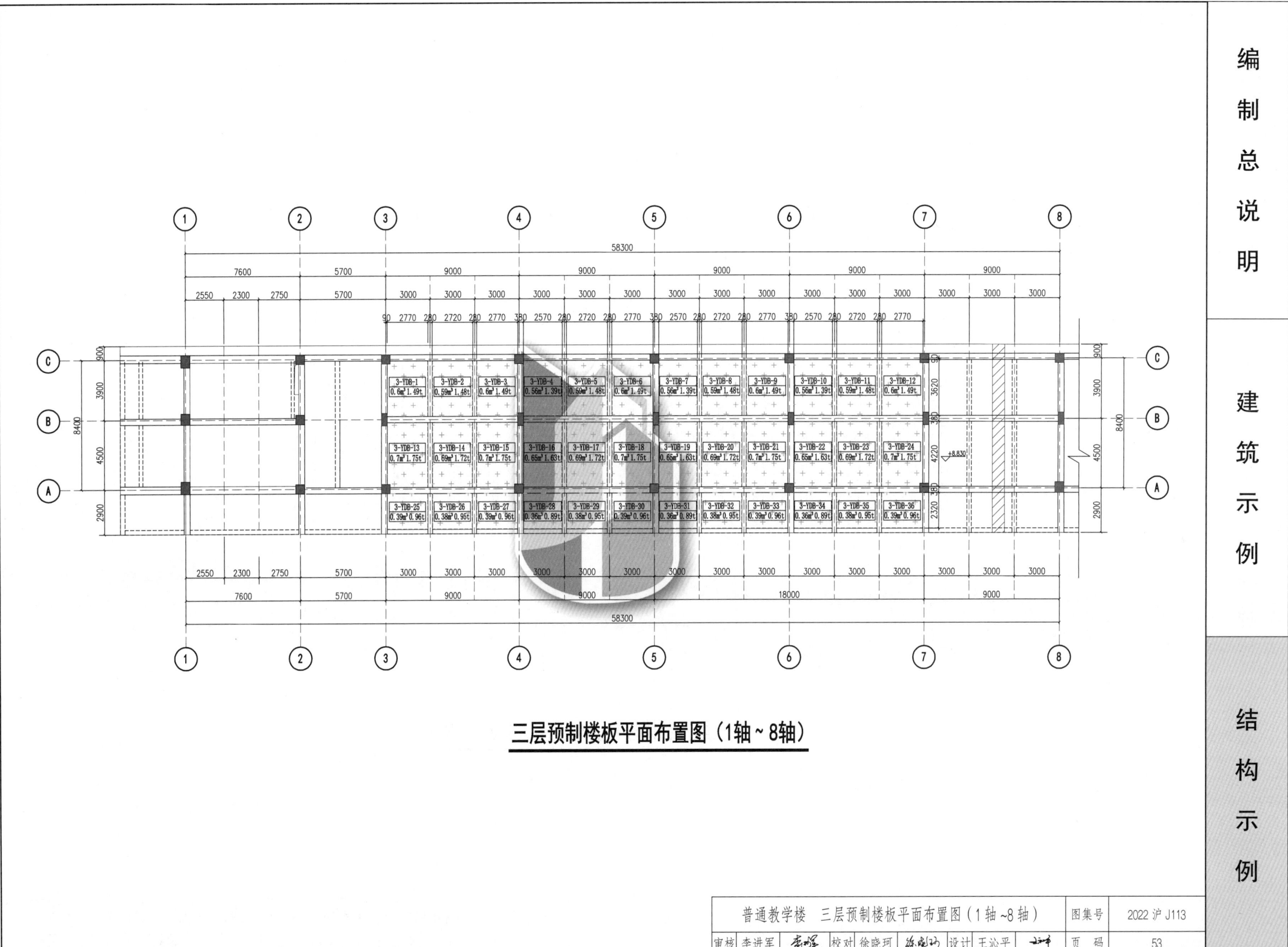

三层预制楼板平面布置图（1轴~8轴）

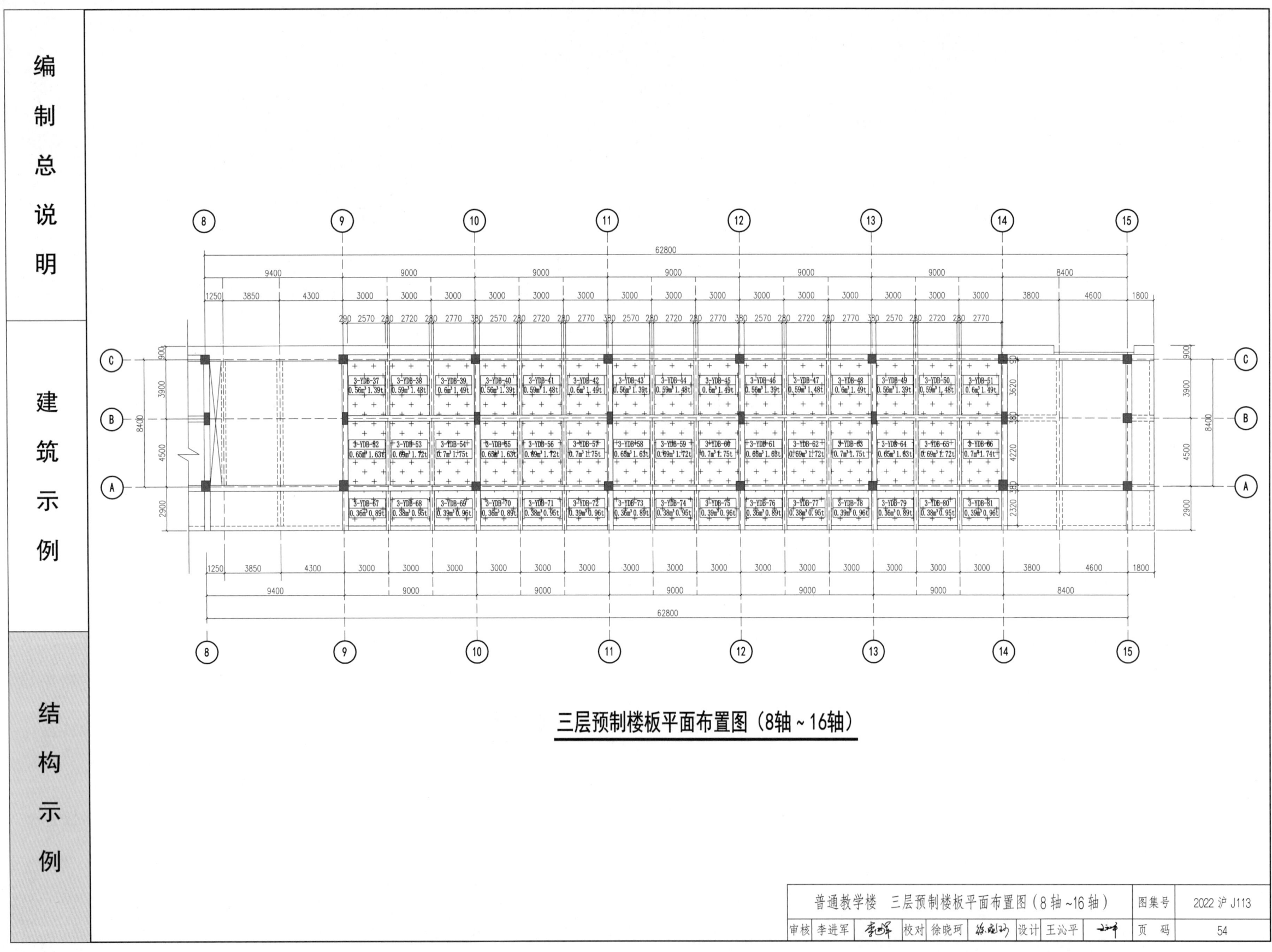

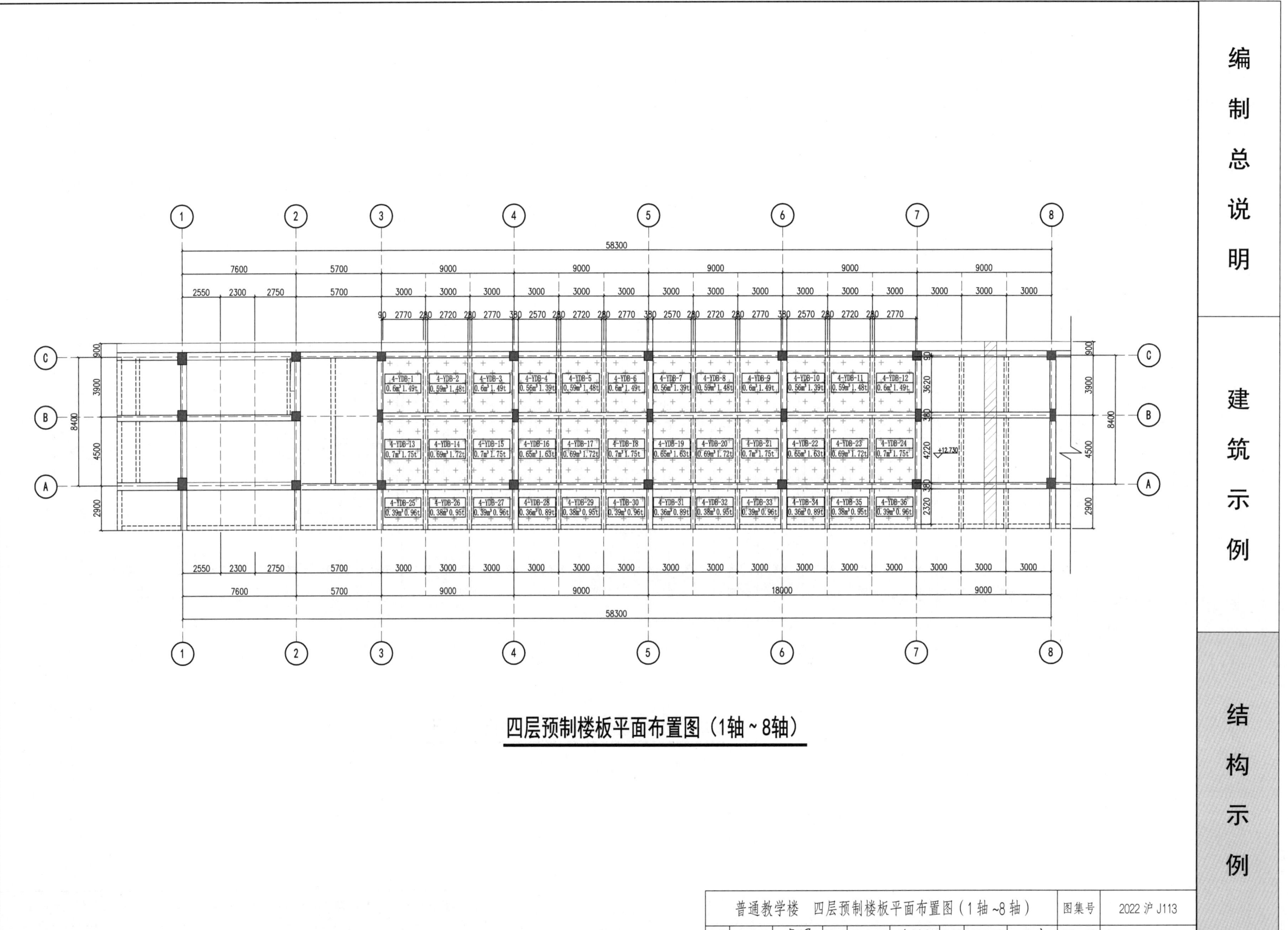

四层预制楼板平面布置图（1轴~8轴）

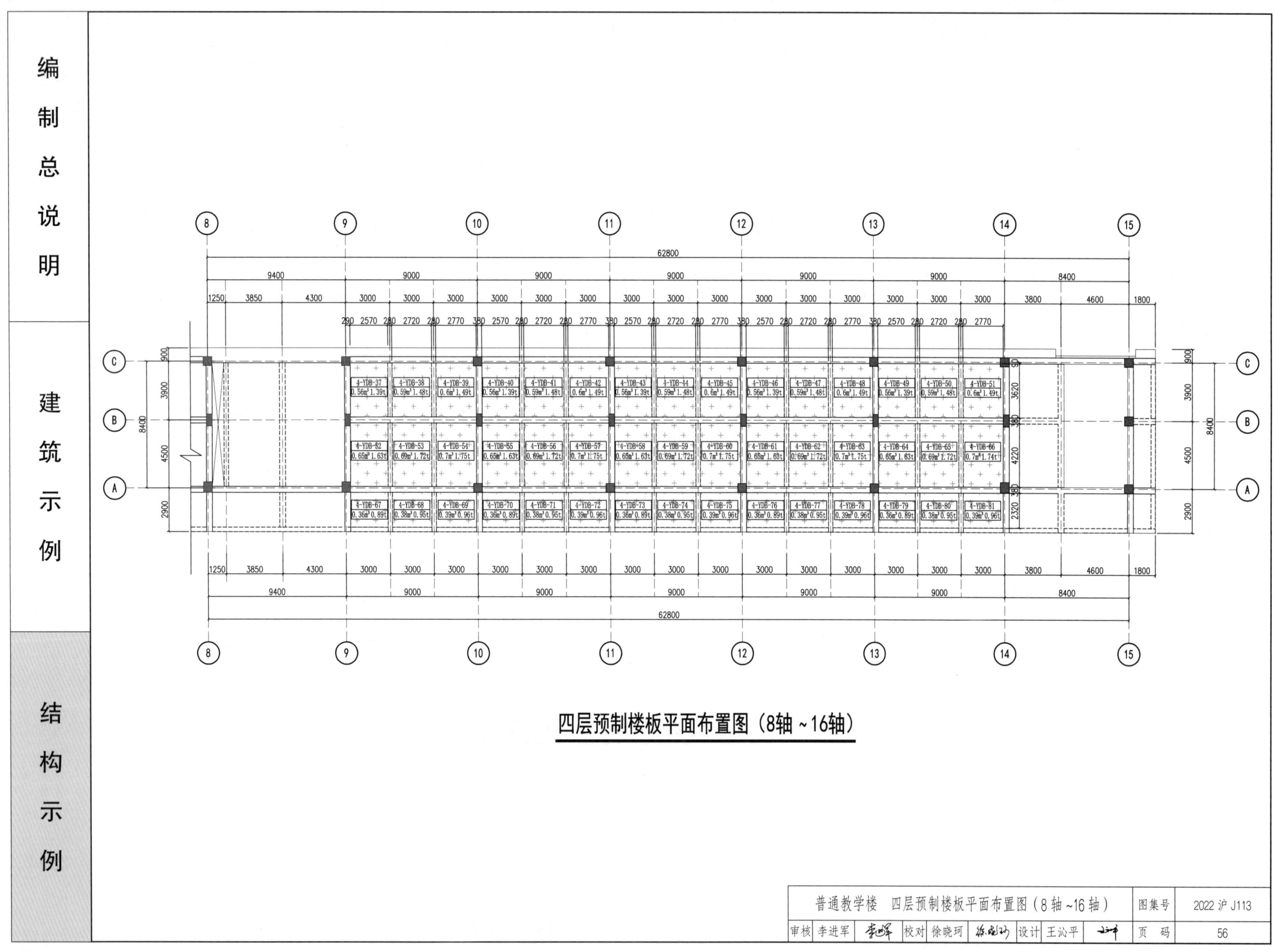

四层预制楼板平面布置图（8轴~16轴）

普通教学楼 四层预制楼板平面布置图（8轴~16轴）

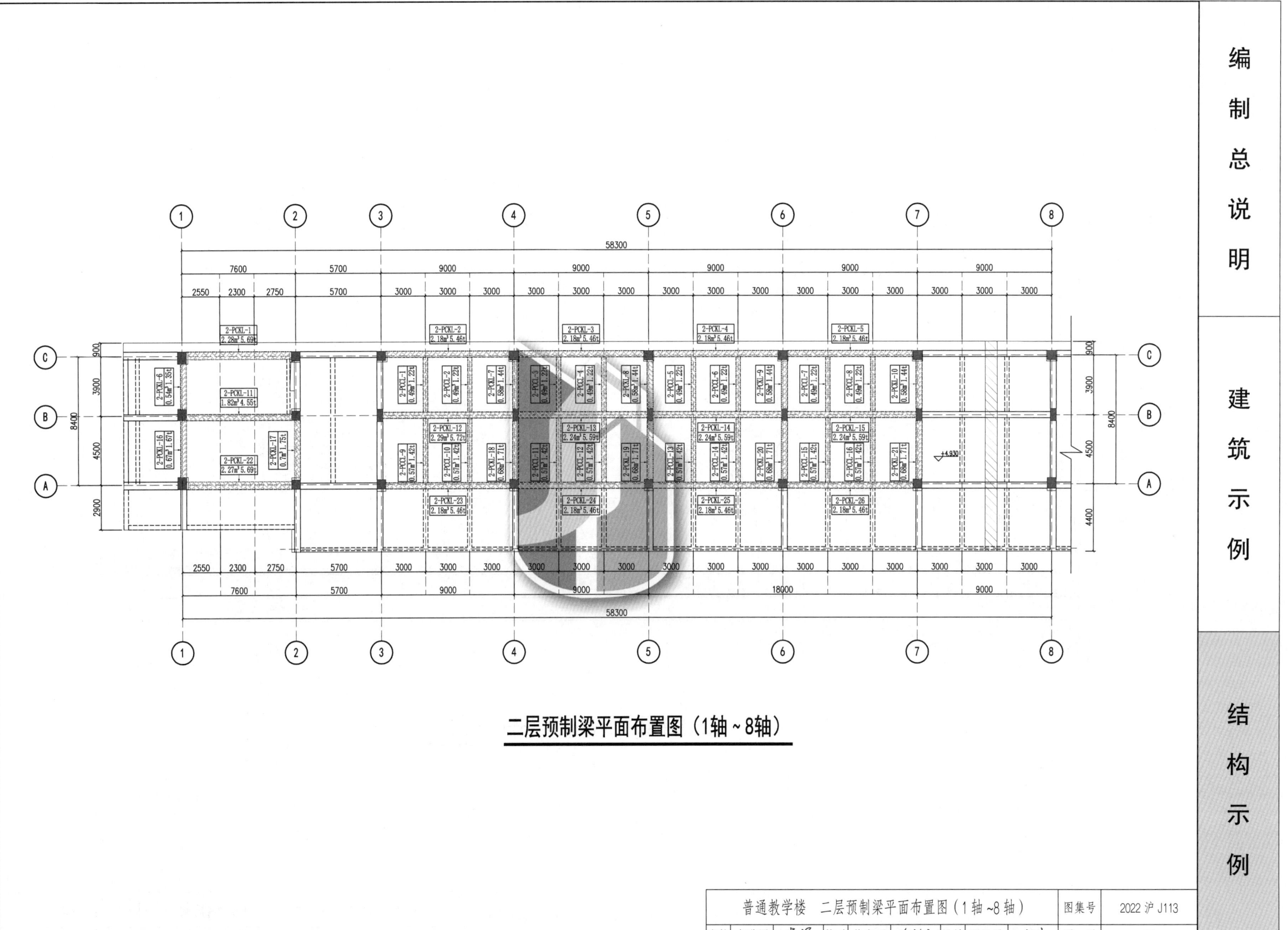

二层预制梁平面布置图（1轴~8轴）

普通教学楼 二层预制梁平面布置图（1轴~8轴） 图集号 2022 沪 J113 页码 57

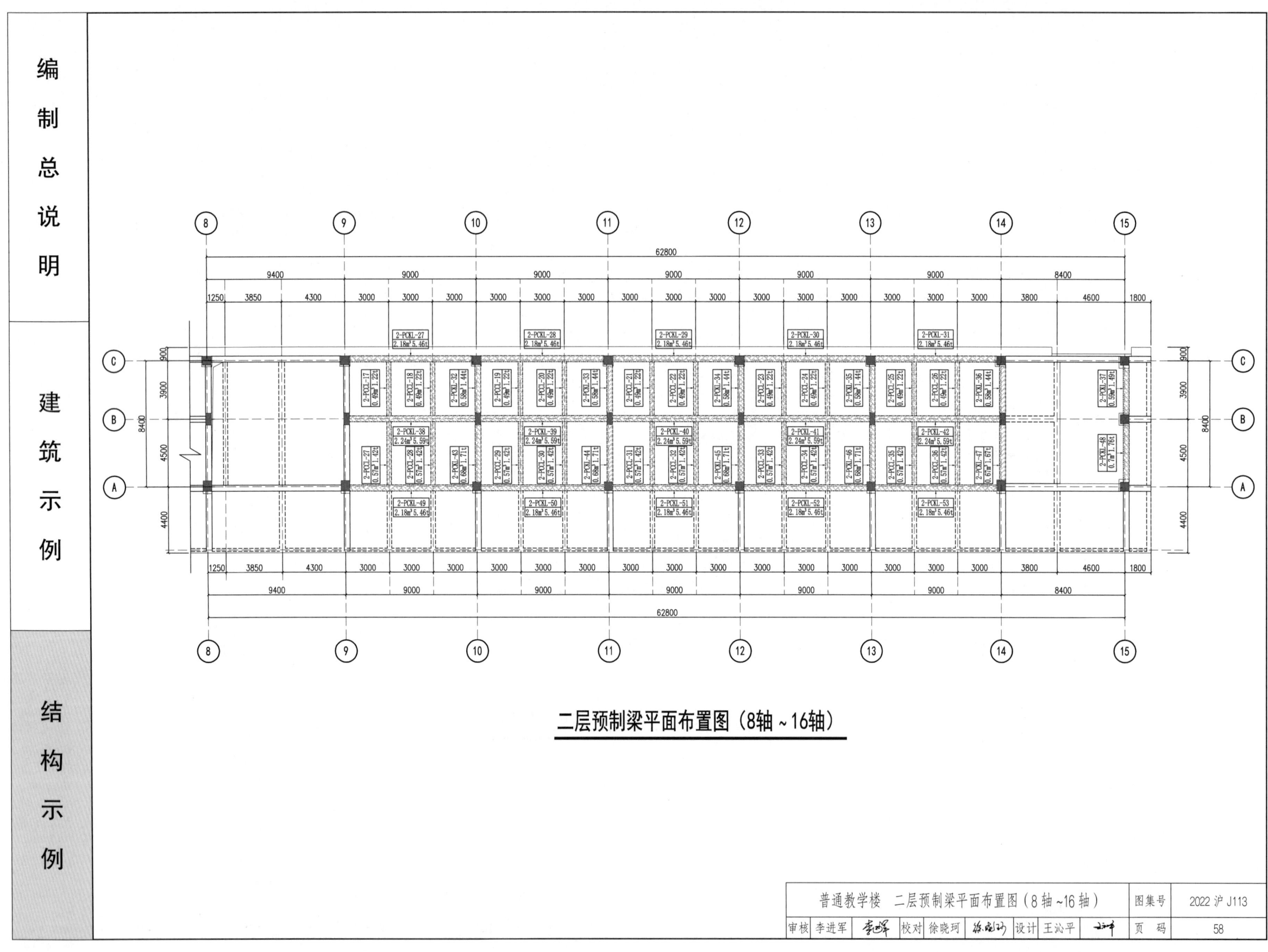

二层预制梁平面布置图（8轴~16轴）

普通教学楼 二层预制梁平面布置图（8轴~16轴）

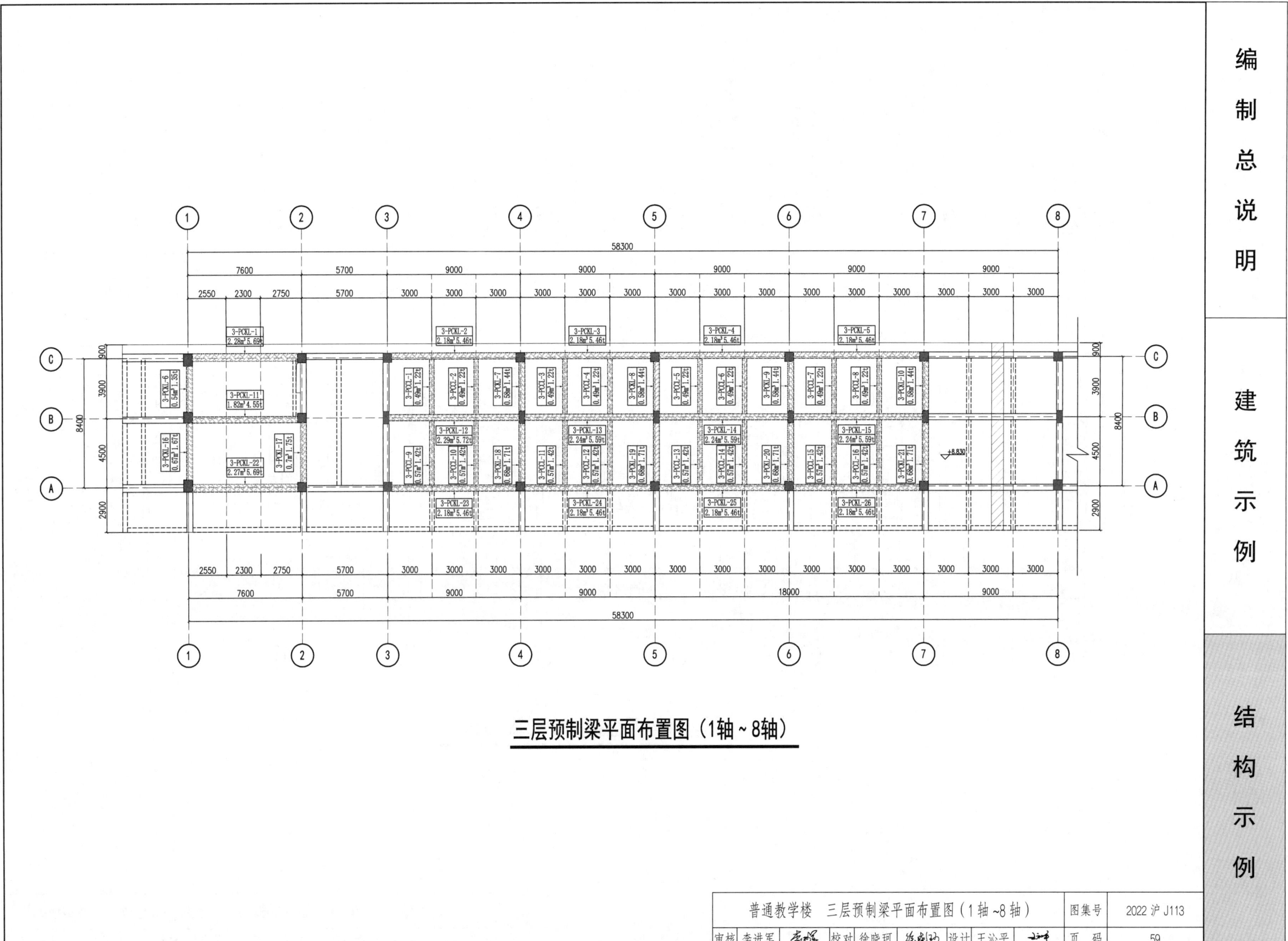

三层预制梁平面布置图（1轴~8轴）

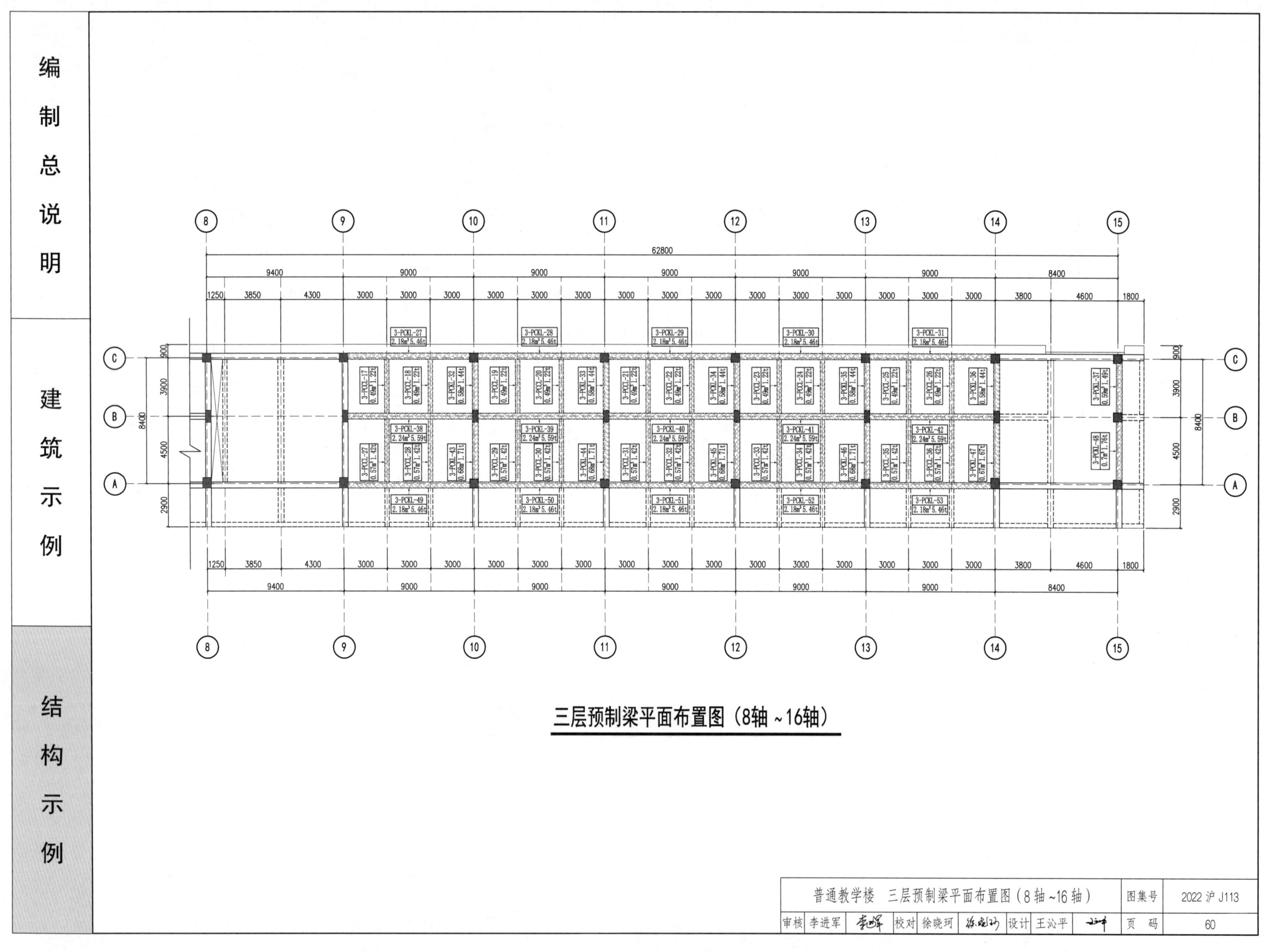

三层预制梁平面布置图（8轴～16轴）

普通教学楼 三层预制梁平面布置图（8轴～16轴） 图集号 2022沪J113

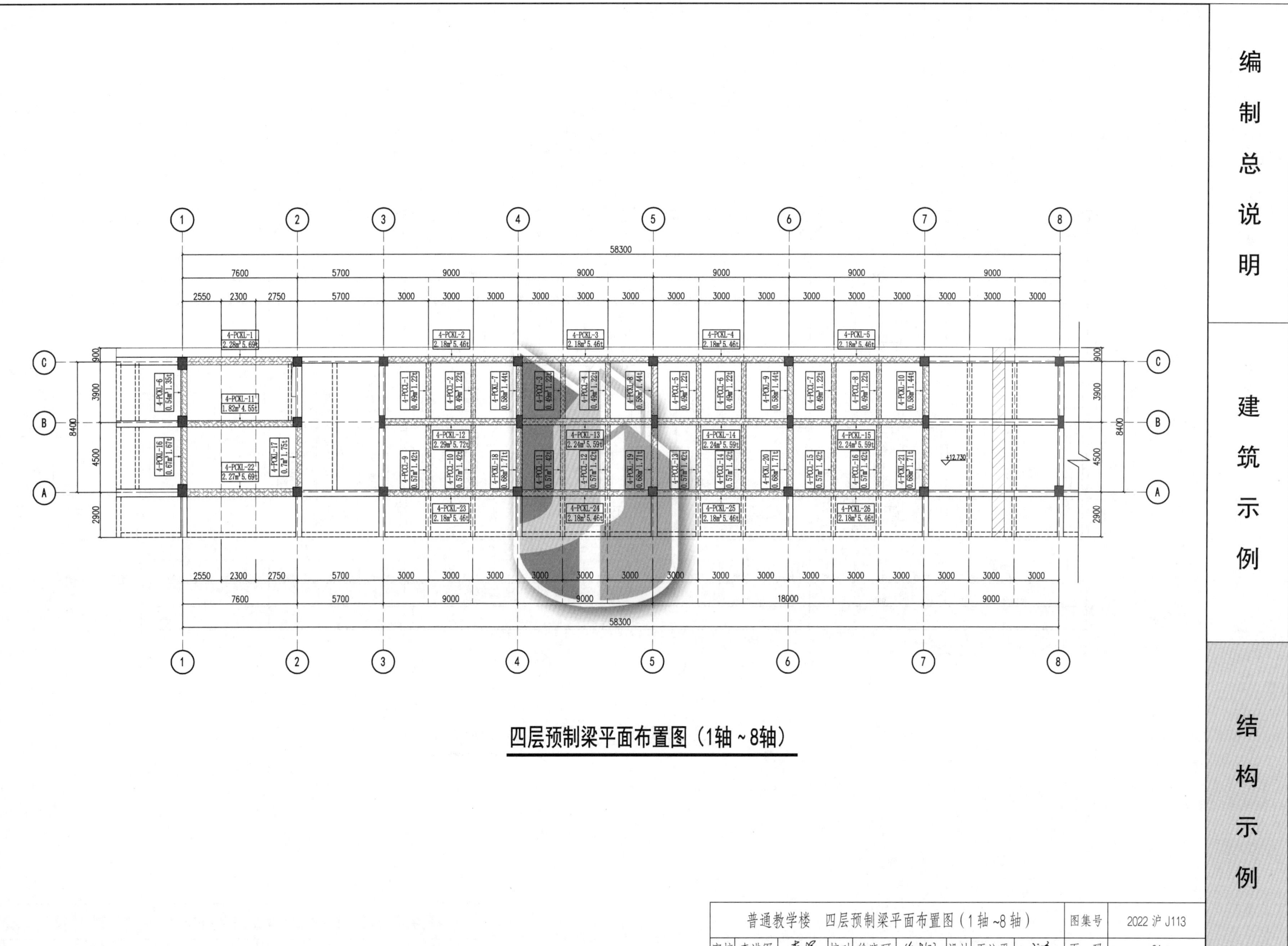

四层预制梁平面布置图（1轴～8轴）

普通教学楼 四层预制梁平面布置图（1轴～8轴）

图集号 2022沪J113

页码 61

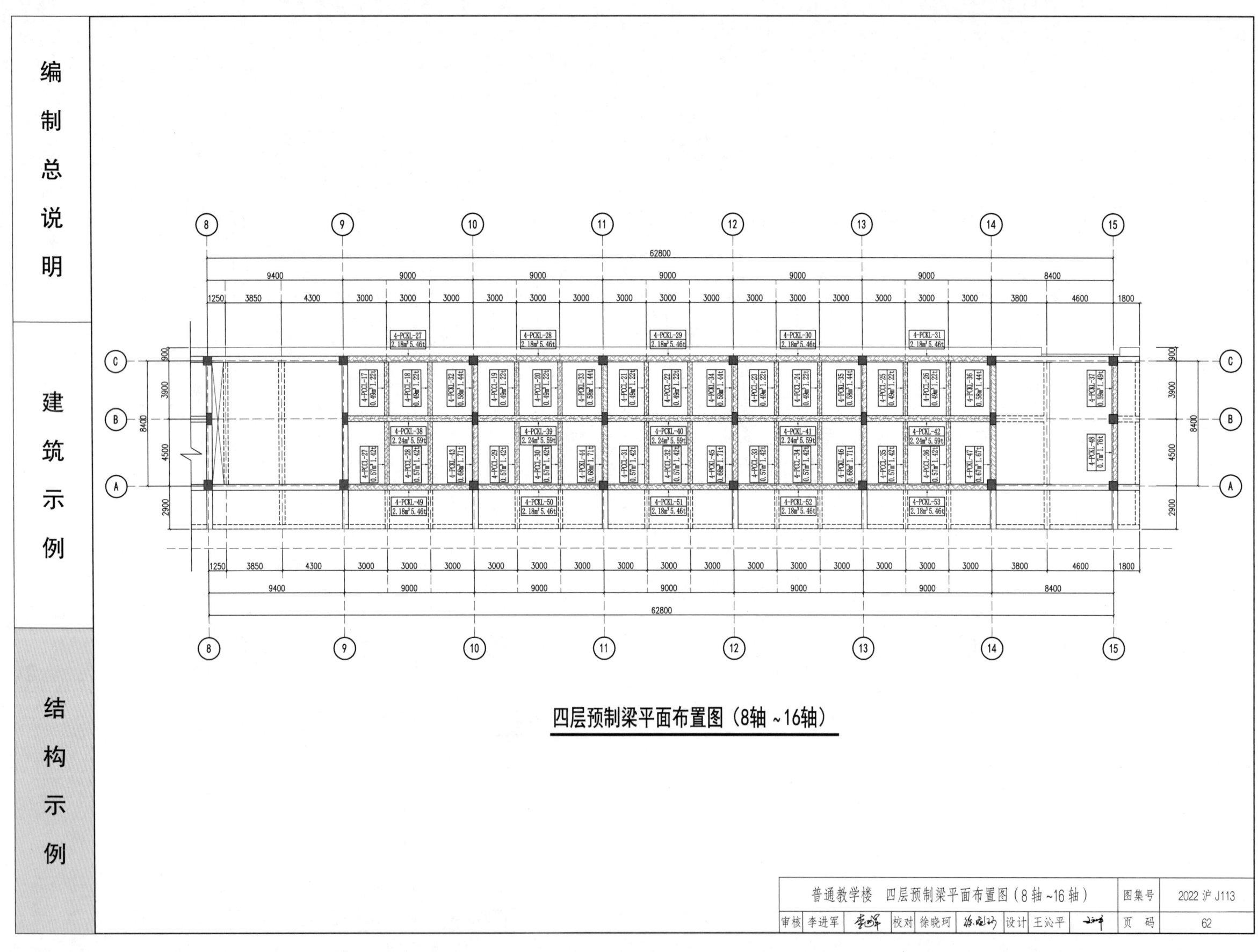

四层预制梁平面布置图（8轴～16轴）

普通教学楼 四层预制梁平面布置图（8轴～16轴）

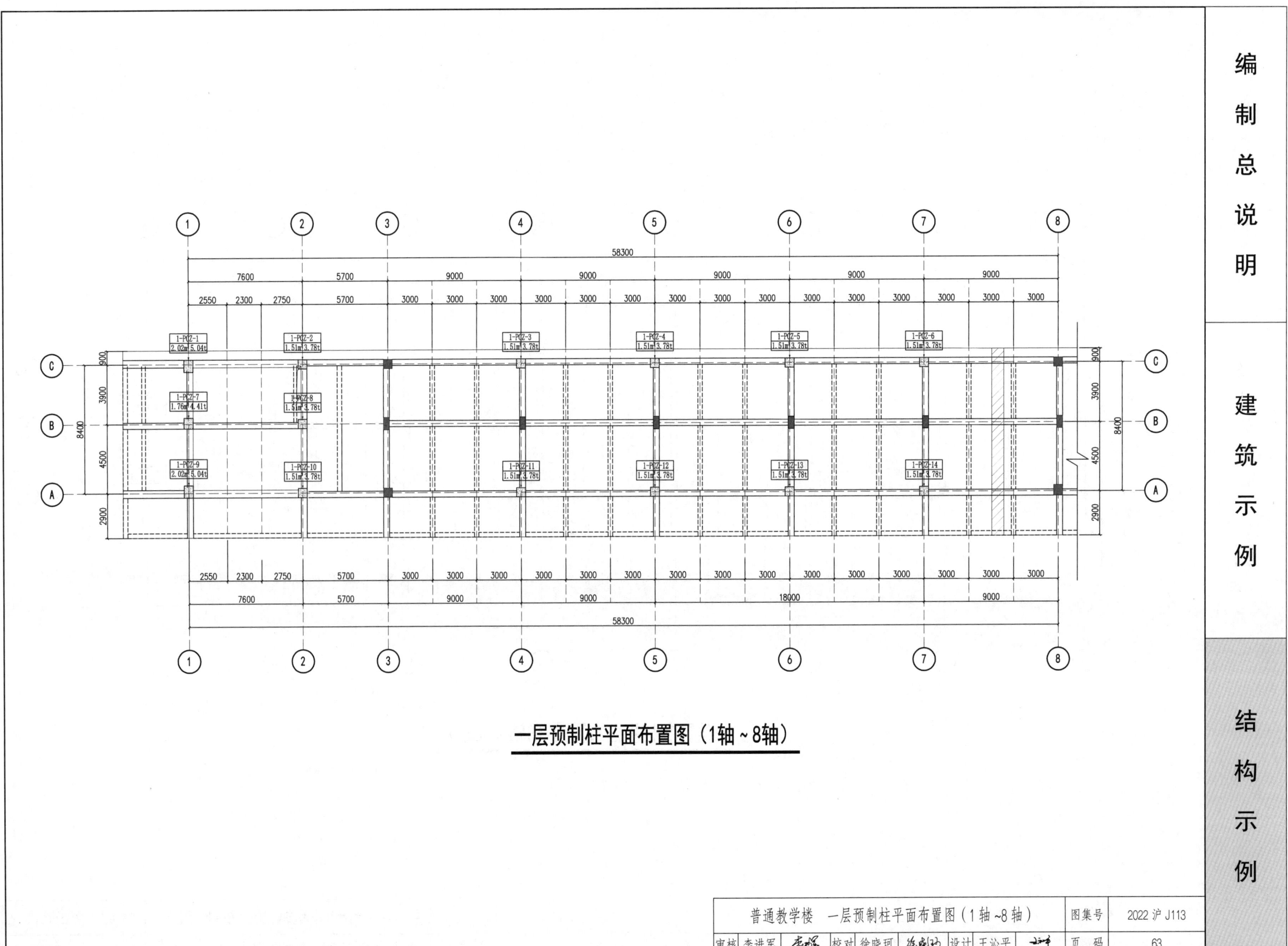

一层预制柱平面布置图（1轴~8轴）

普通教学楼 一层预制柱平面布置图（1轴~8轴）

图集号 2022沪J113

页码 63

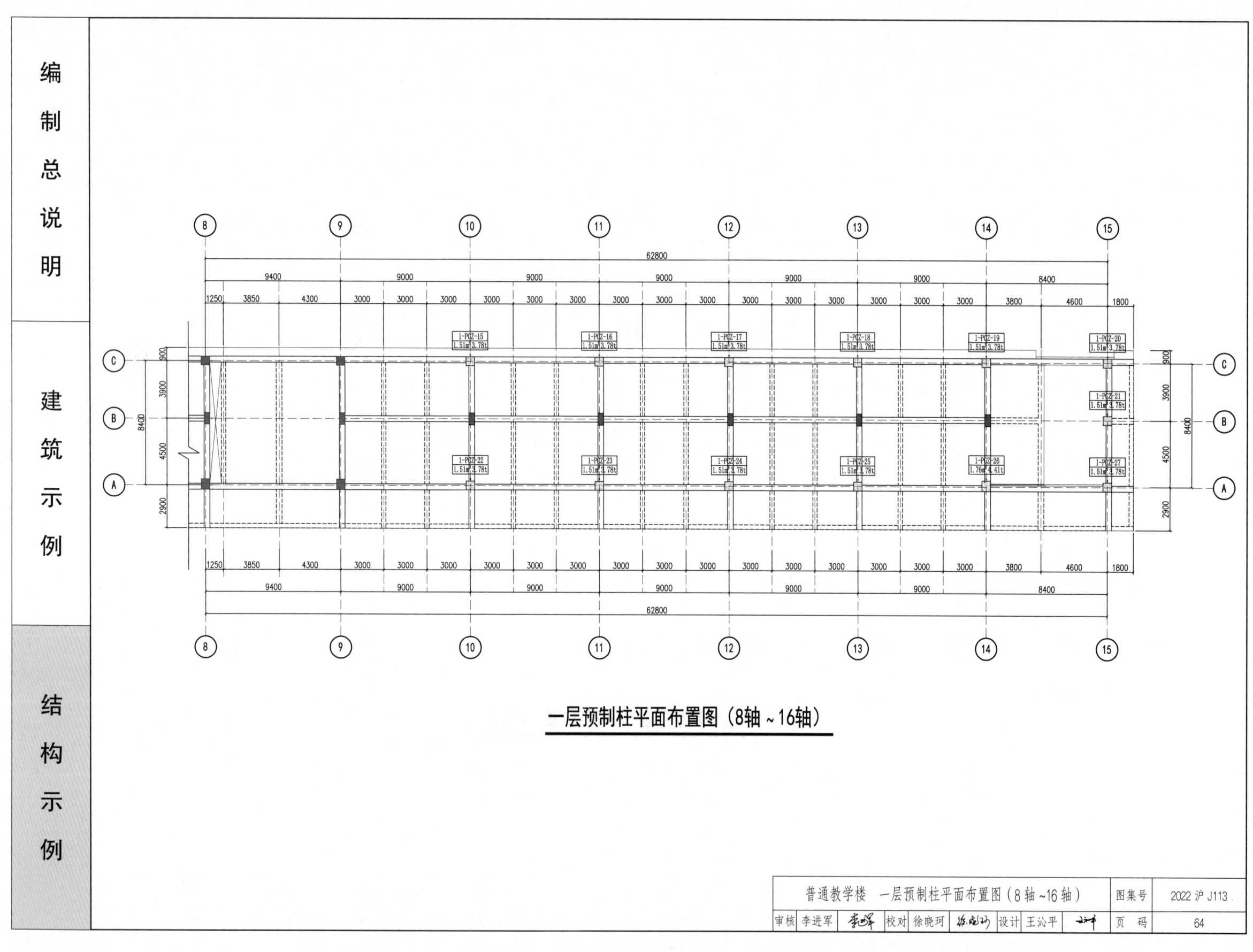

普通教学楼 一层预制柱平面布置图（8轴~16轴）

图集号 2022沪J113

页码 64

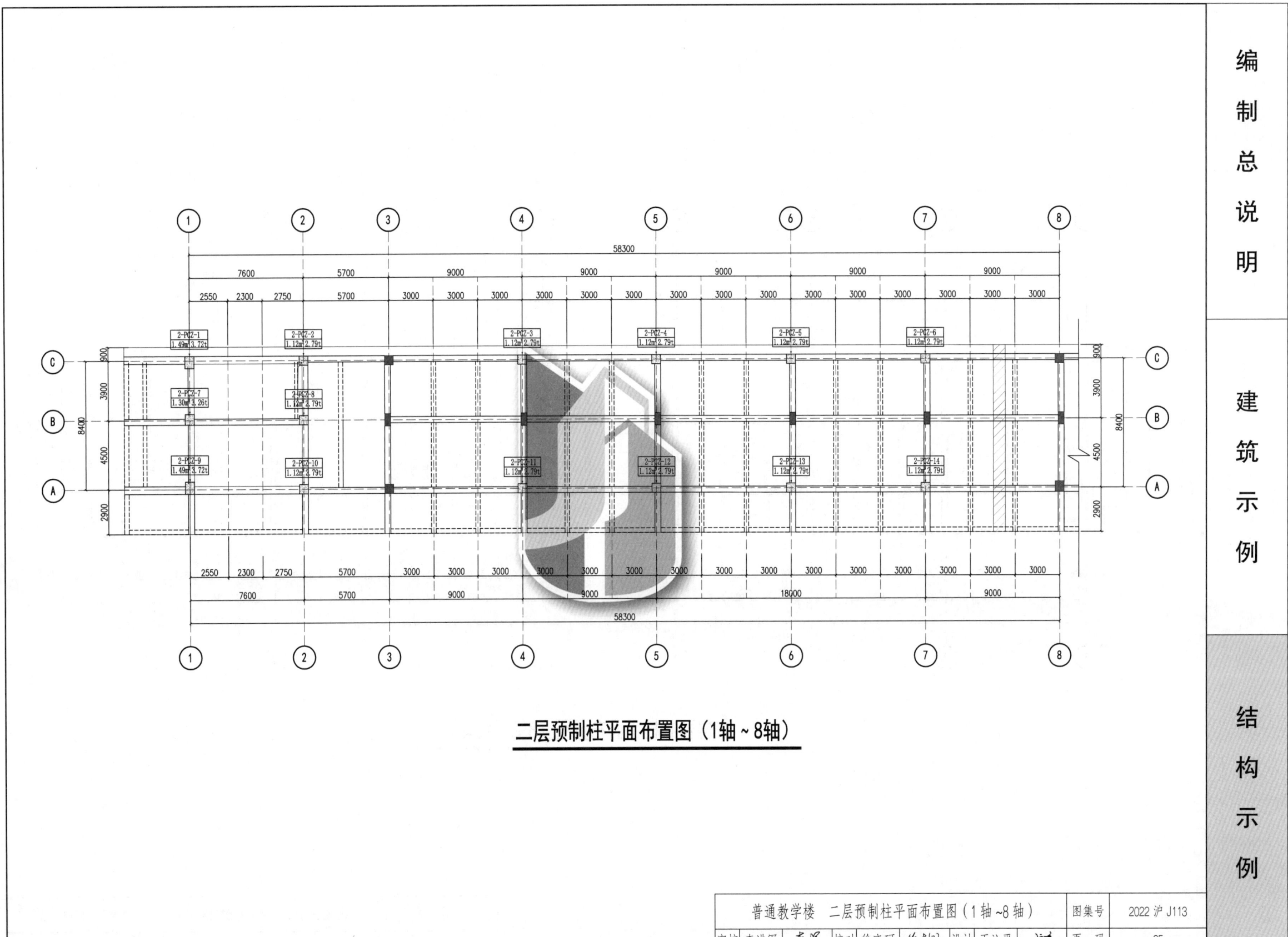

二层预制柱平面布置图（1轴~8轴）

普通教学楼 二层预制柱平面布置图（1轴~8轴）

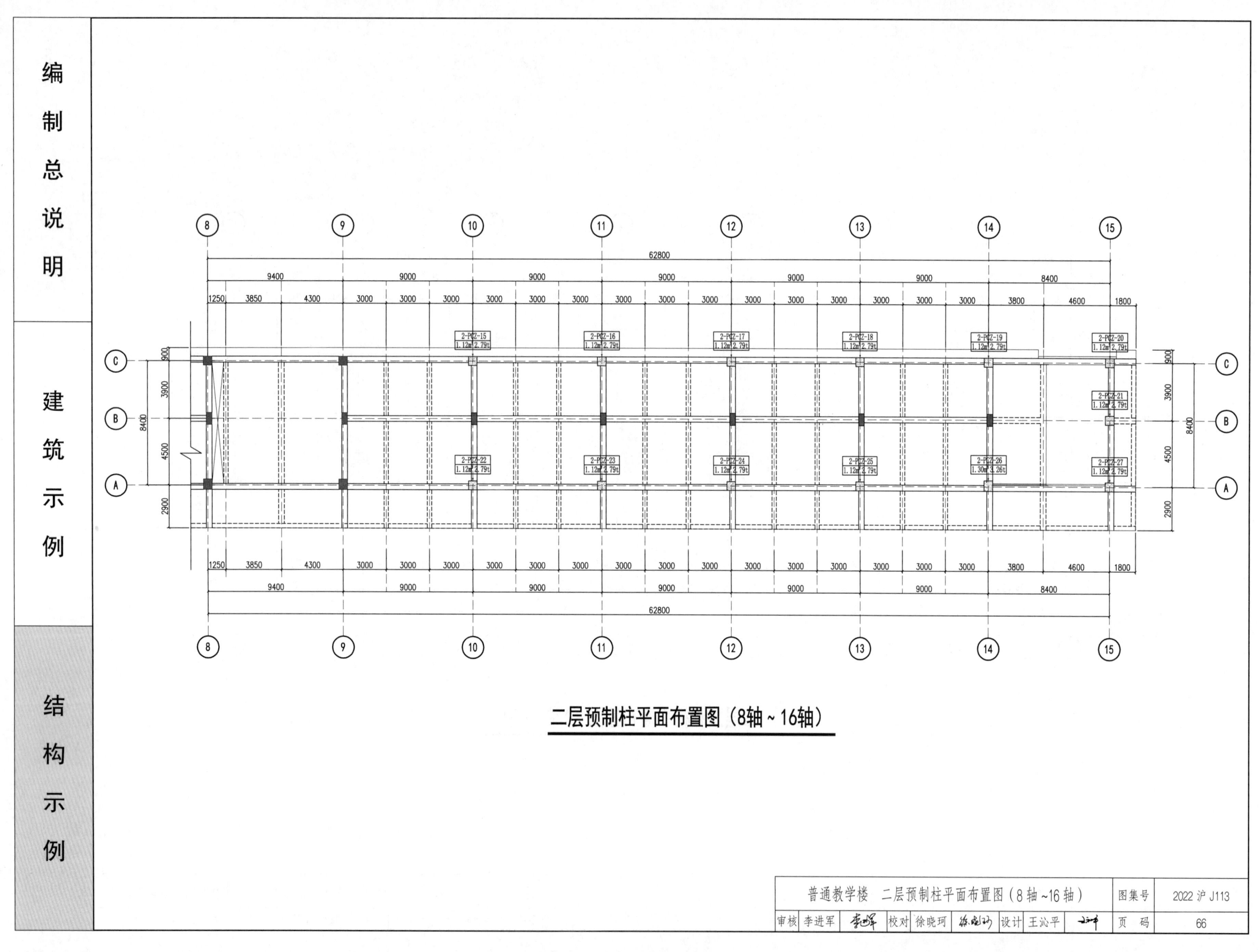

二层预制柱平面布置图（8轴~16轴）

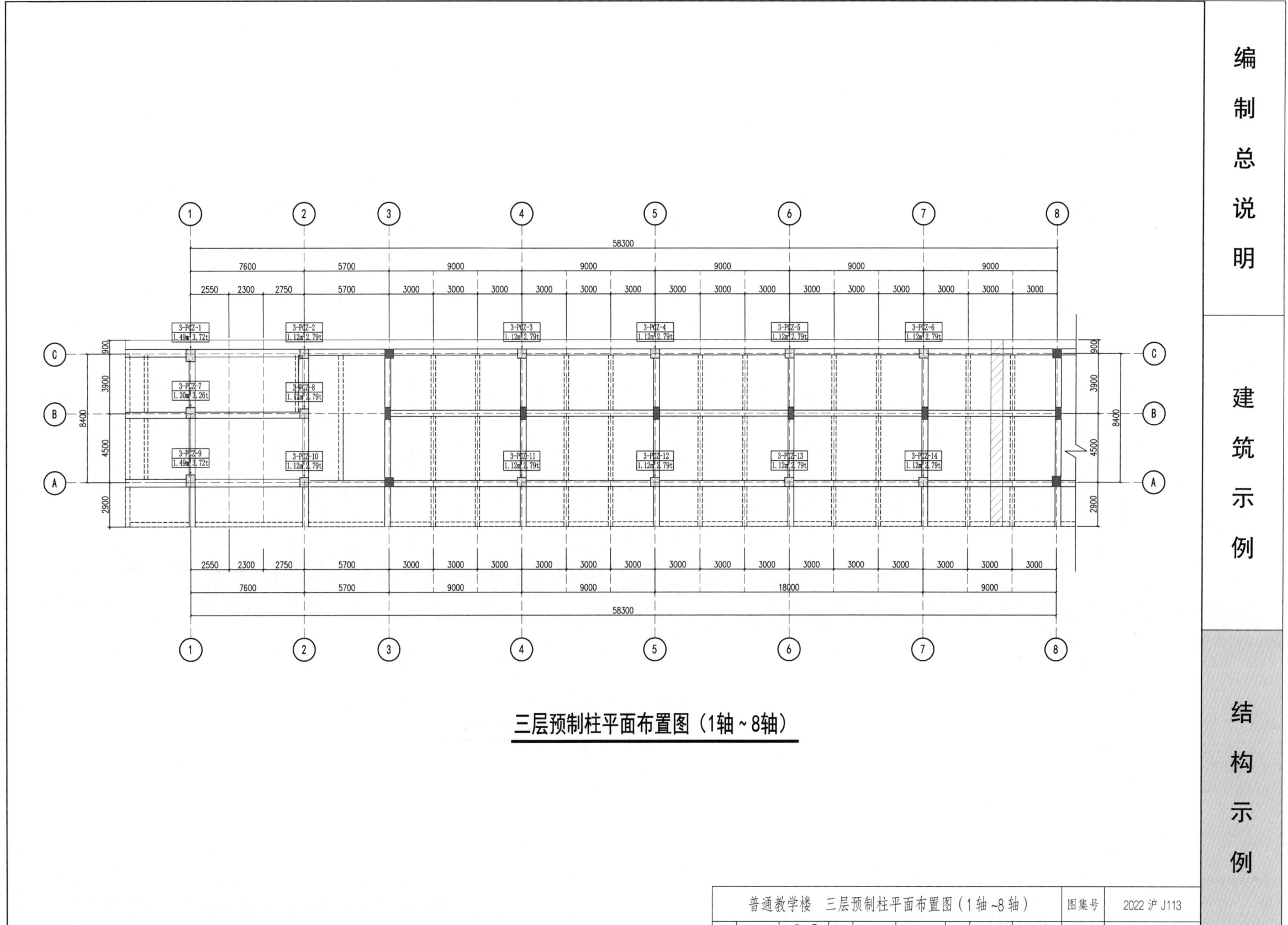

三层预制柱平面布置图（1轴~8轴）

普通教学楼 三层预制柱平面布置图（1轴~8轴）	图集号	2022 沪 J113
页码		67

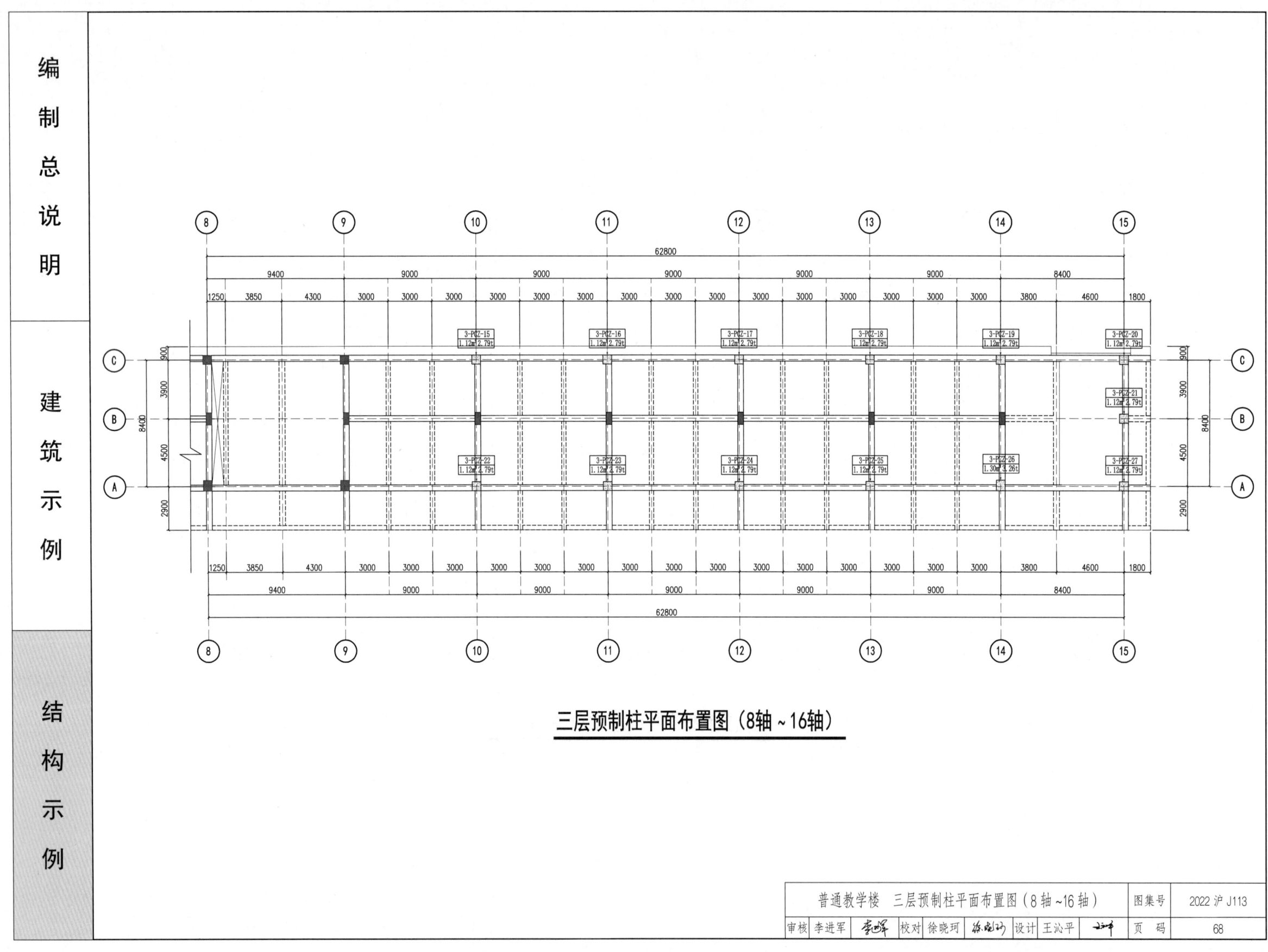

三层预制柱平面布置图（8轴~16轴）

普通教学楼 三层预制柱平面布置图（8轴~16轴） 图集号 2022 沪 J113 页码 68

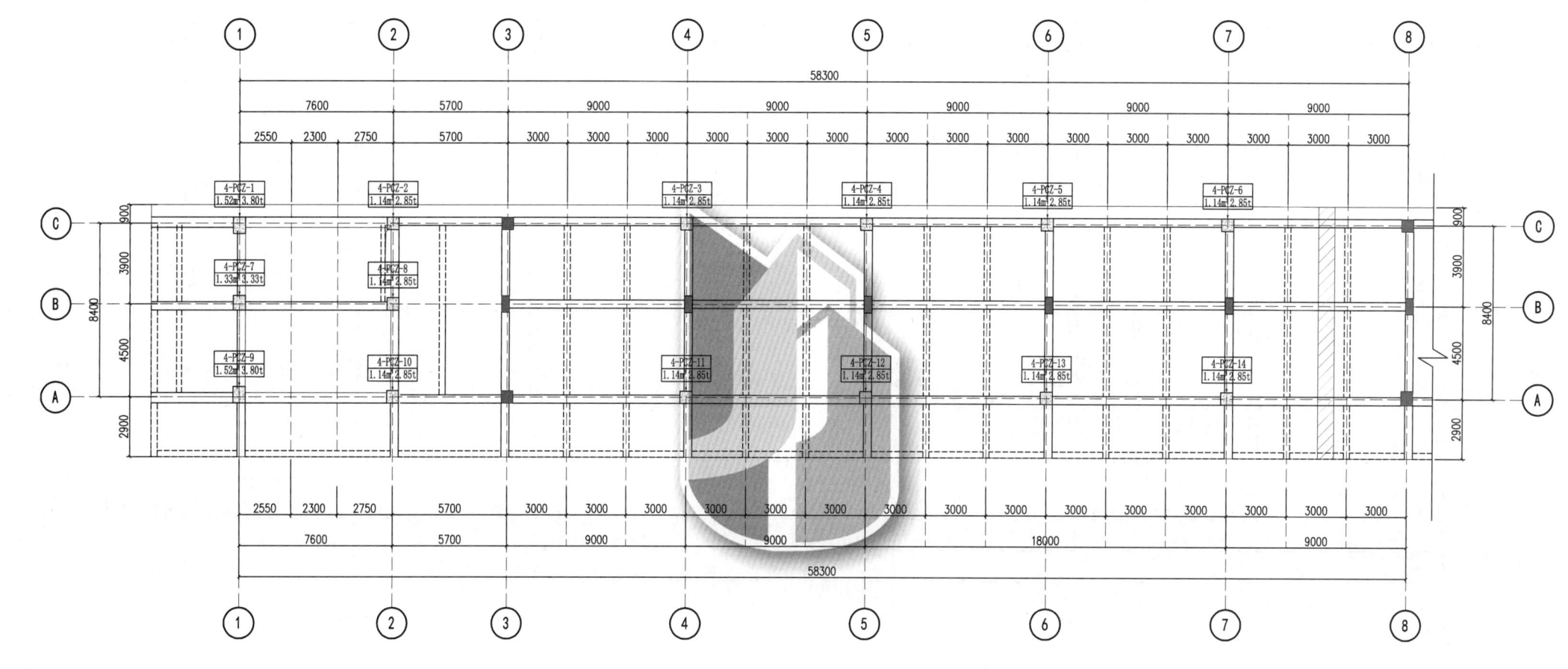

四层预制柱平面布置图（1轴~8轴）

普通教学楼 四层预制柱平面布置图（1轴~8轴）

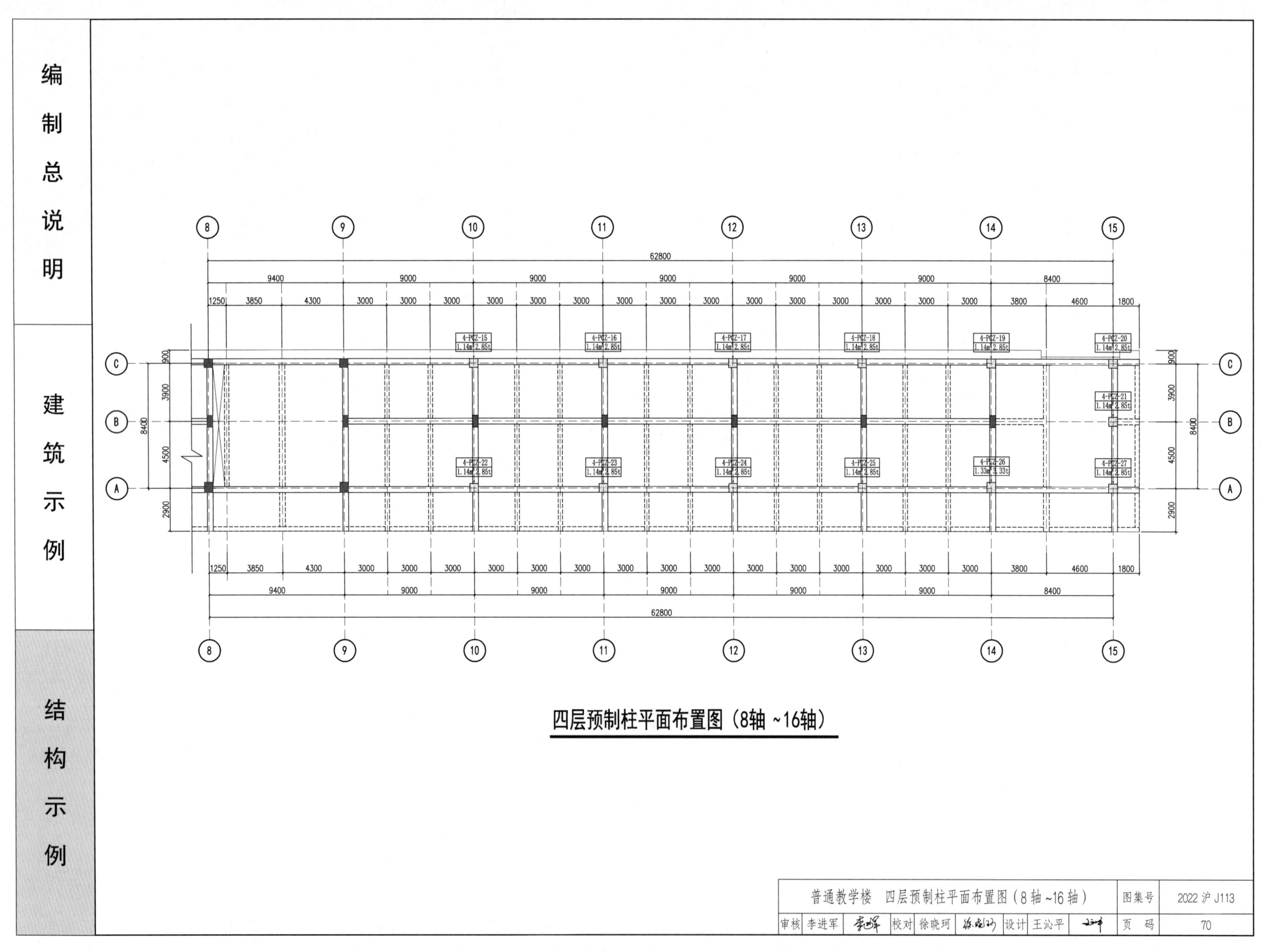

普通教学楼 四层预制柱平面布置图（8轴~16轴）

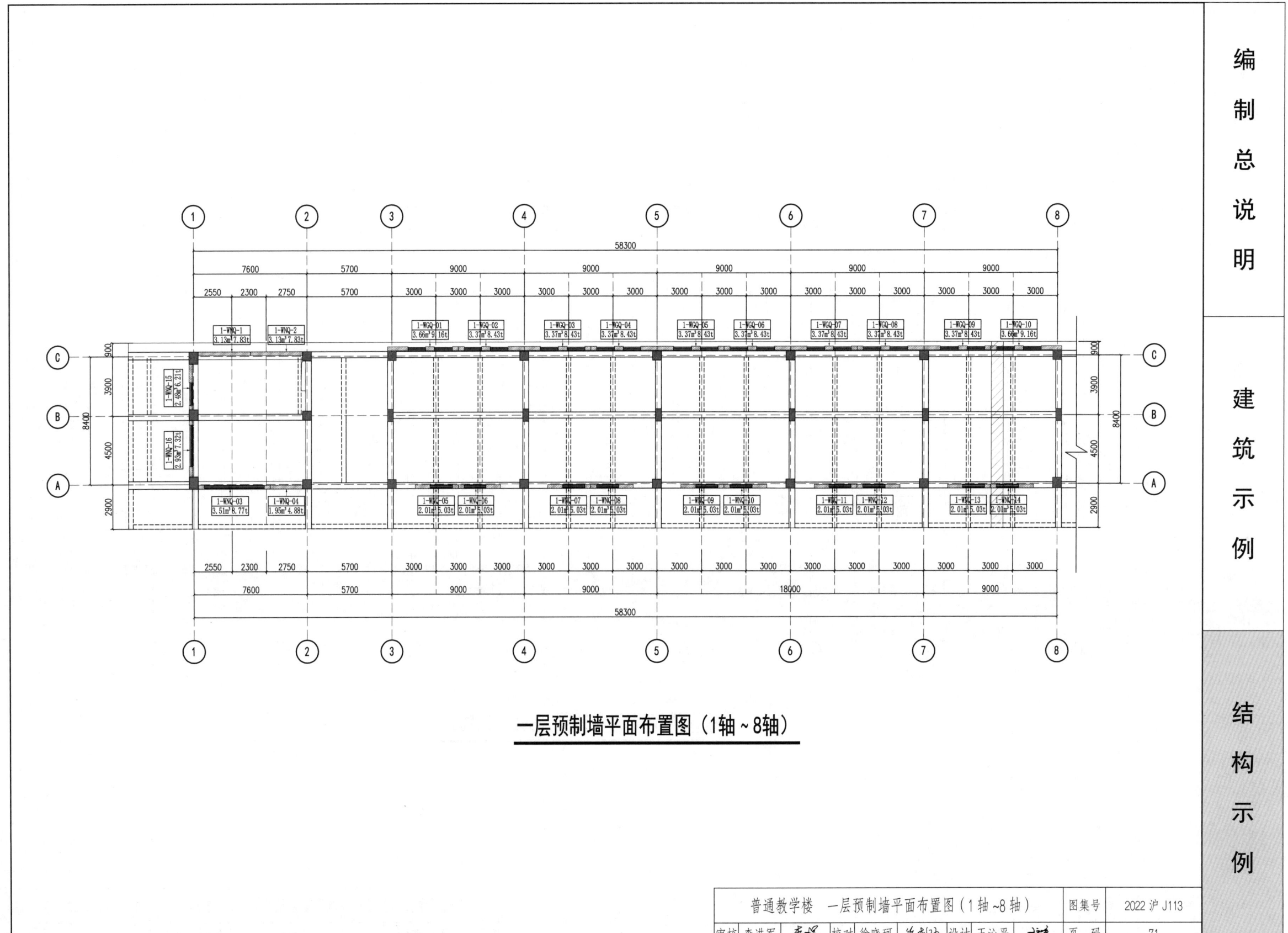

一层预制墙平面布置图（1轴~8轴）

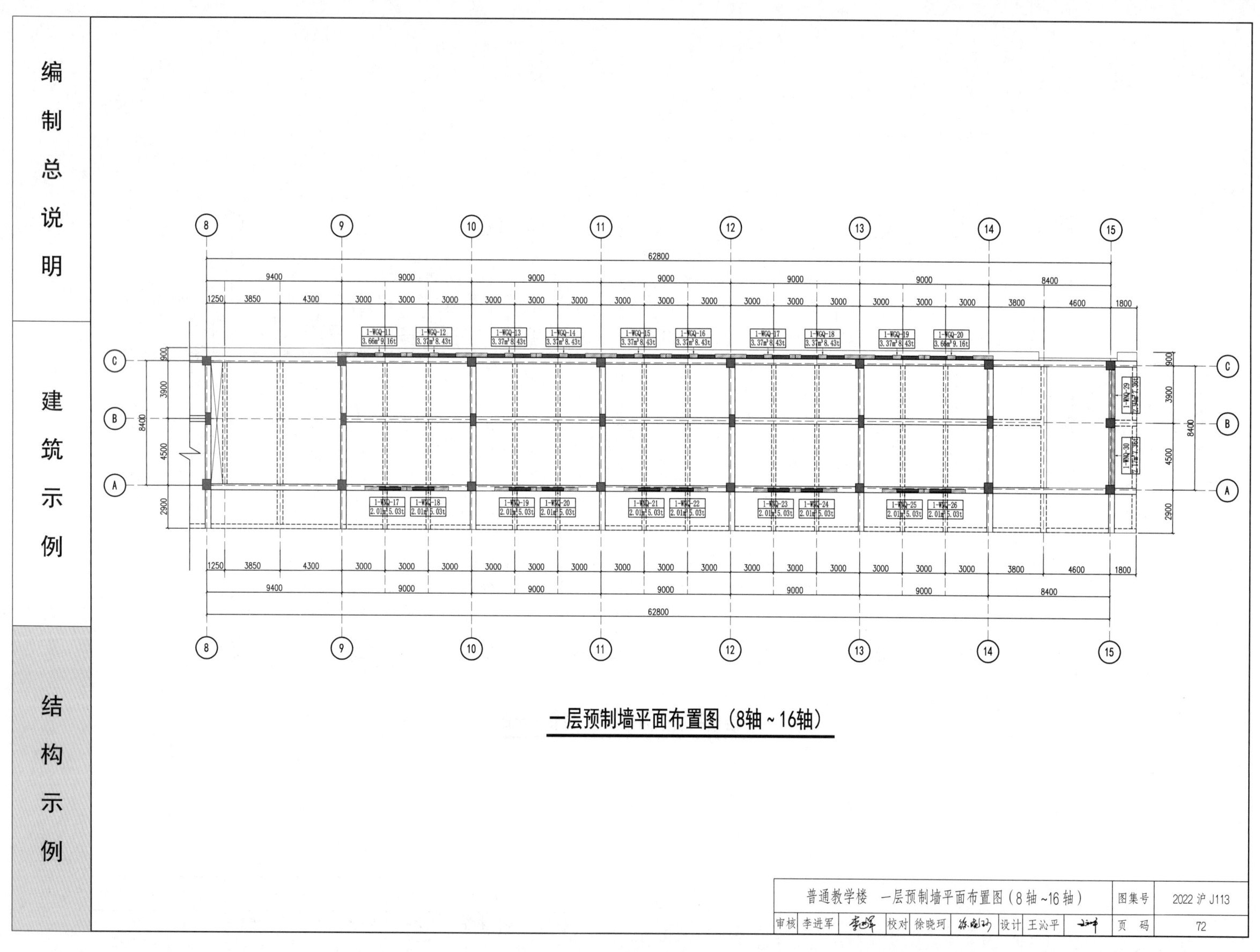

一层预制墙平面布置图（8轴~16轴）

普通教学楼 一层预制墙平面布置图（8轴~16轴）

图集号 2022沪J113

页码 72

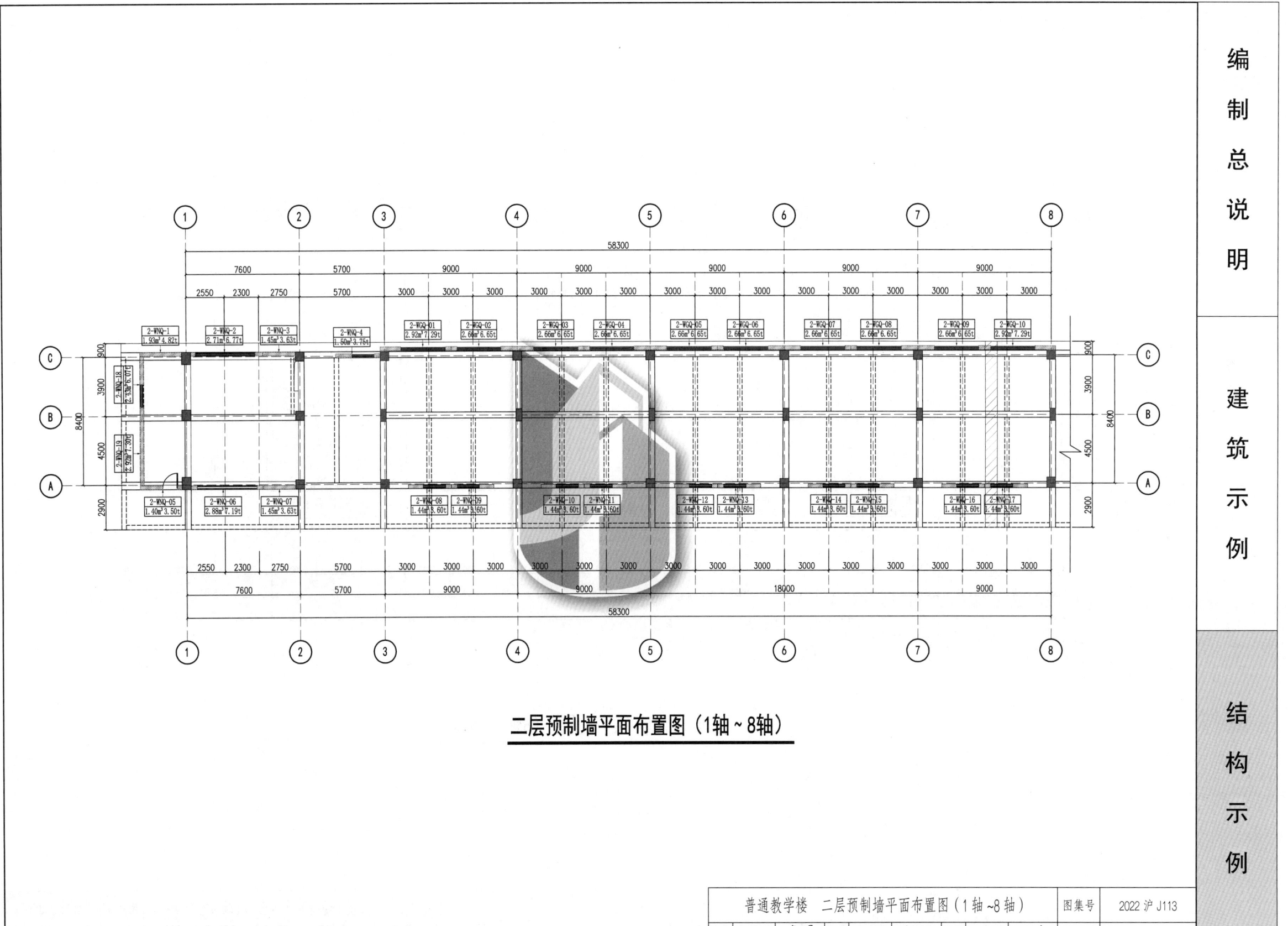

二层预制墙平面布置图（1轴~8轴）

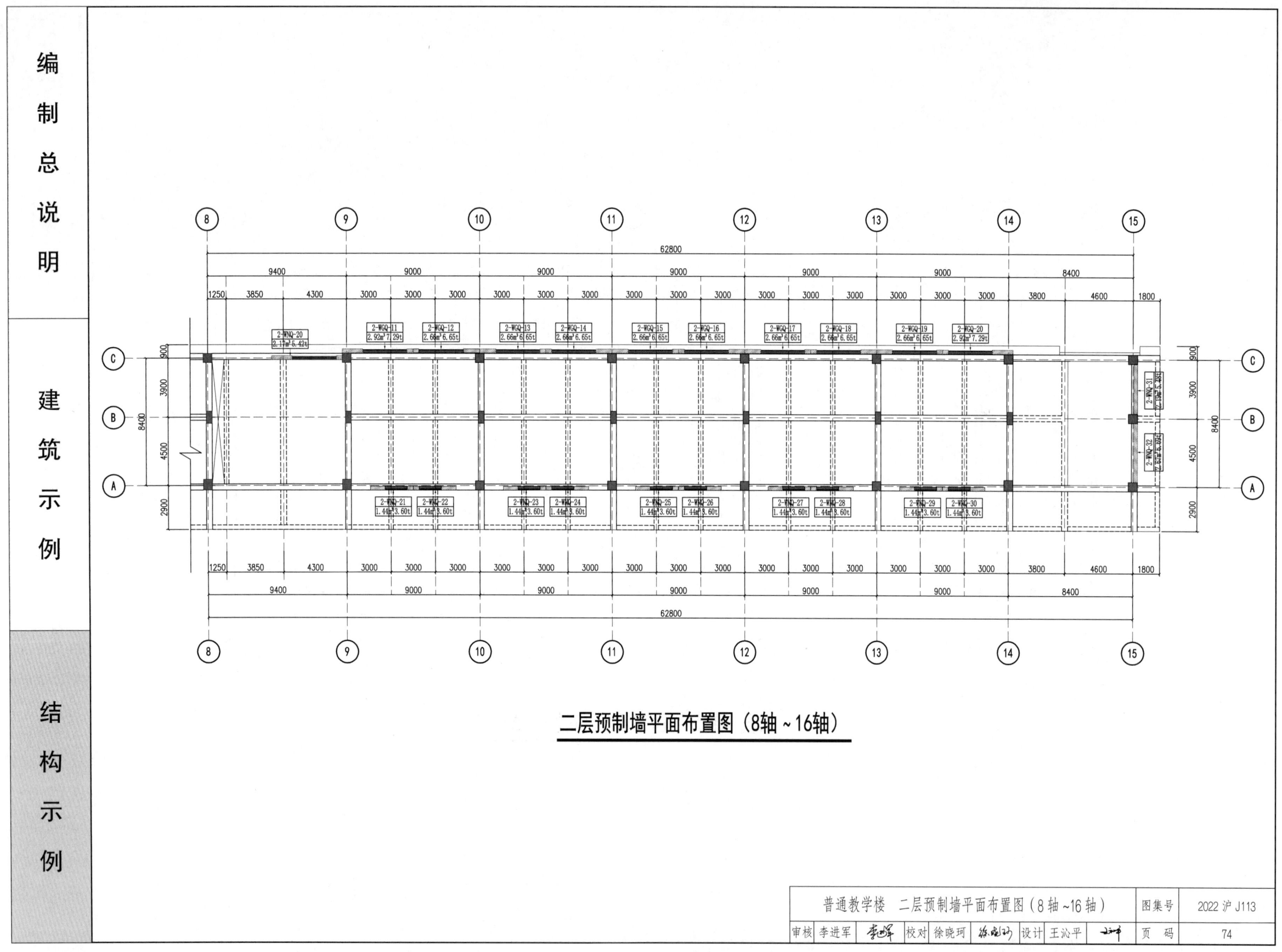

二层预制墙平面布置图（8轴~16轴）

普通教学楼 二层预制墙平面布置图（8轴~16轴）

图集号 2022沪J113

页码 74

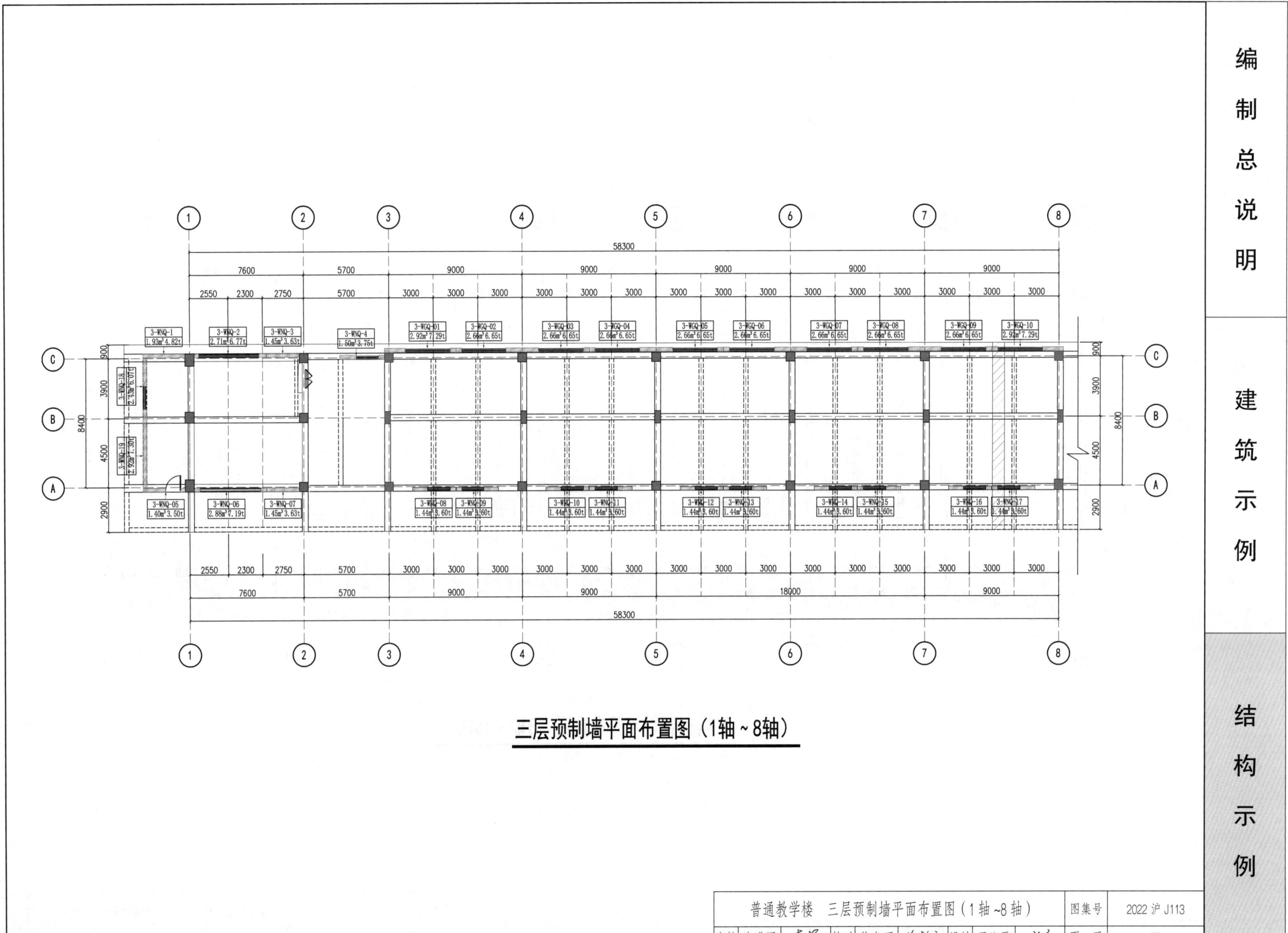

三层预制墙平面布置图（1轴~8轴）

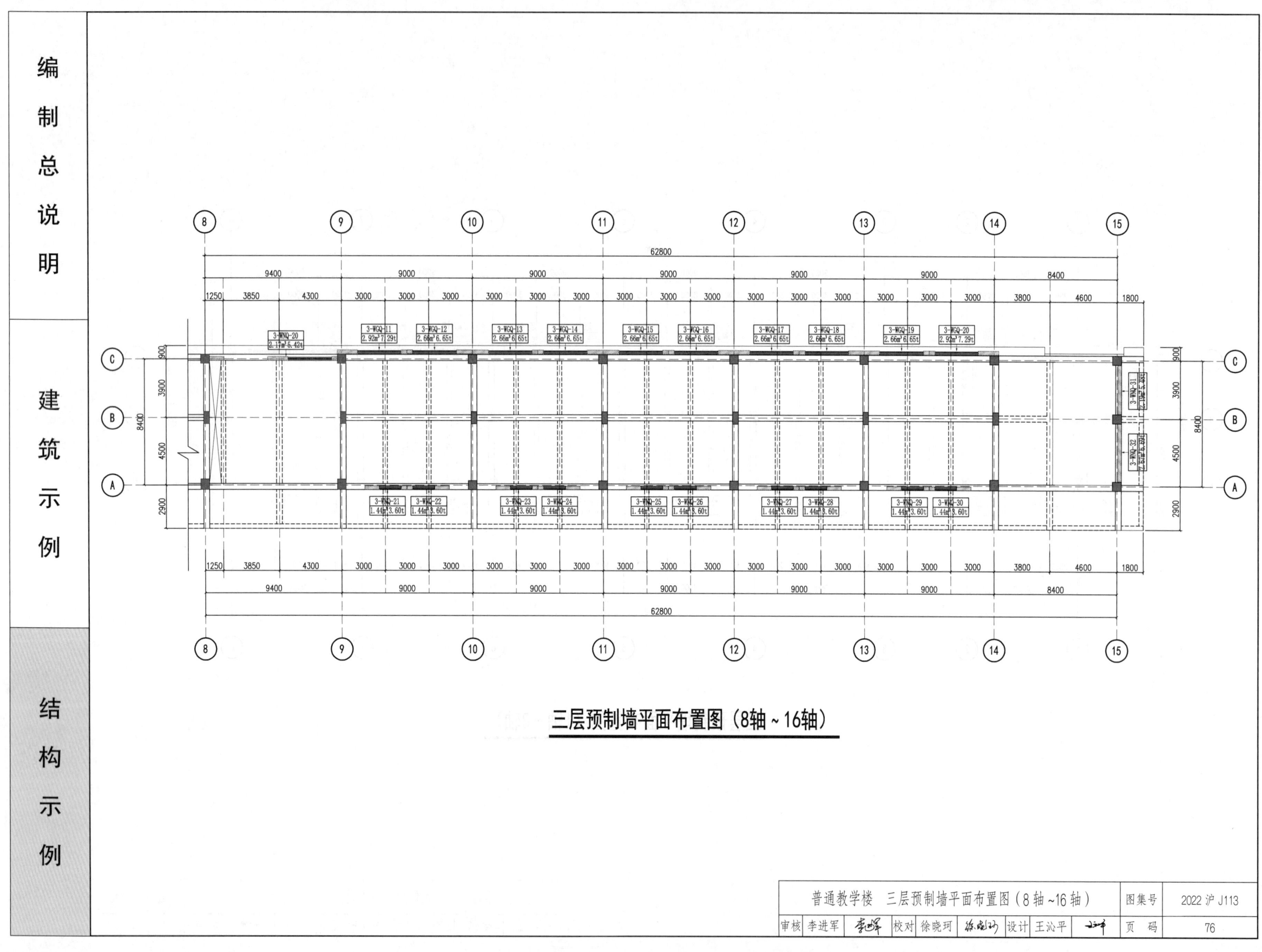

三层预制墙平面布置图（8轴~16轴）

普通教学楼 三层预制墙平面布置图（8轴~16轴）

图集号 2022沪J113

页码 76

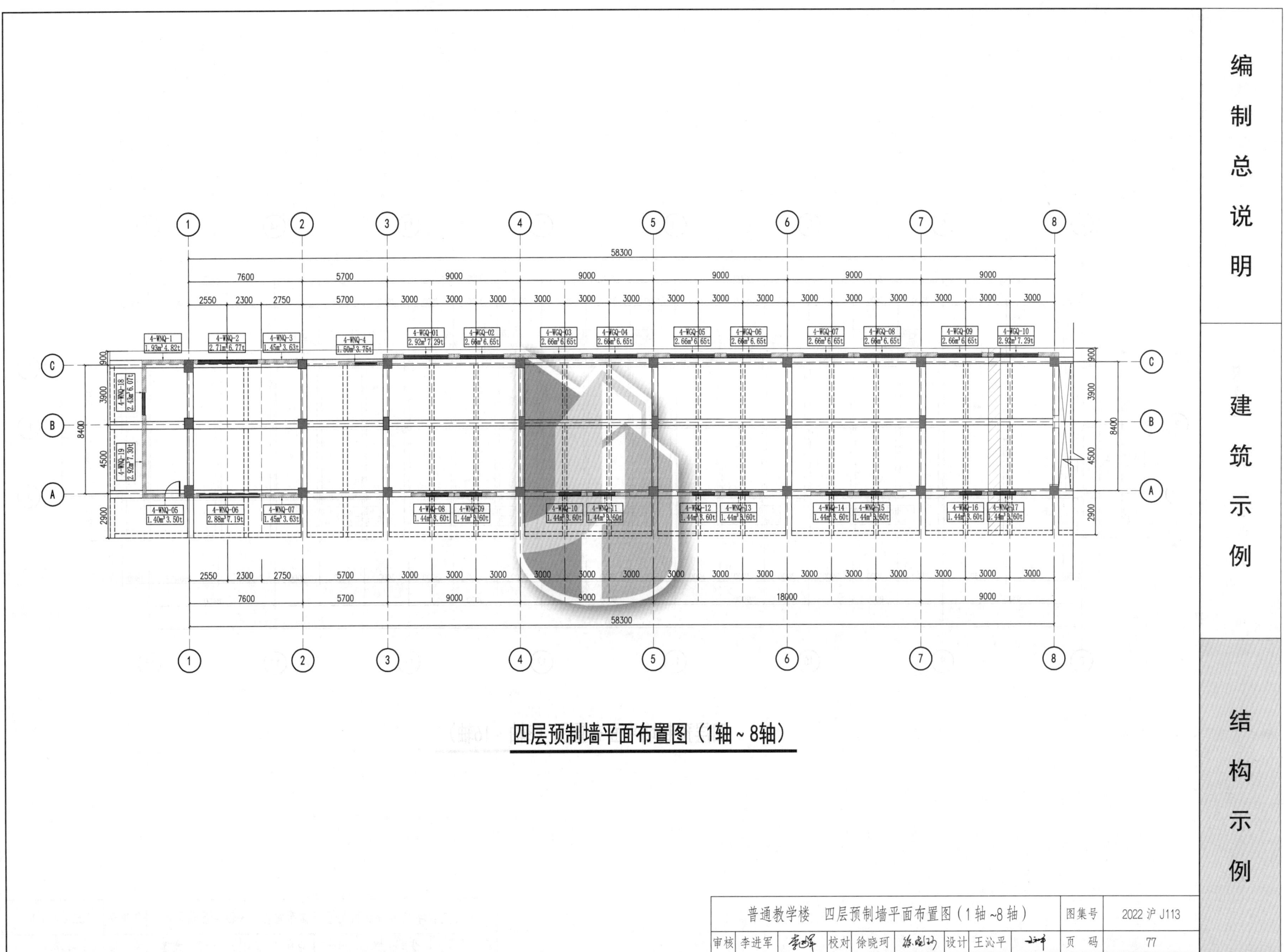

四层预制墙平面布置图（1轴~8轴）

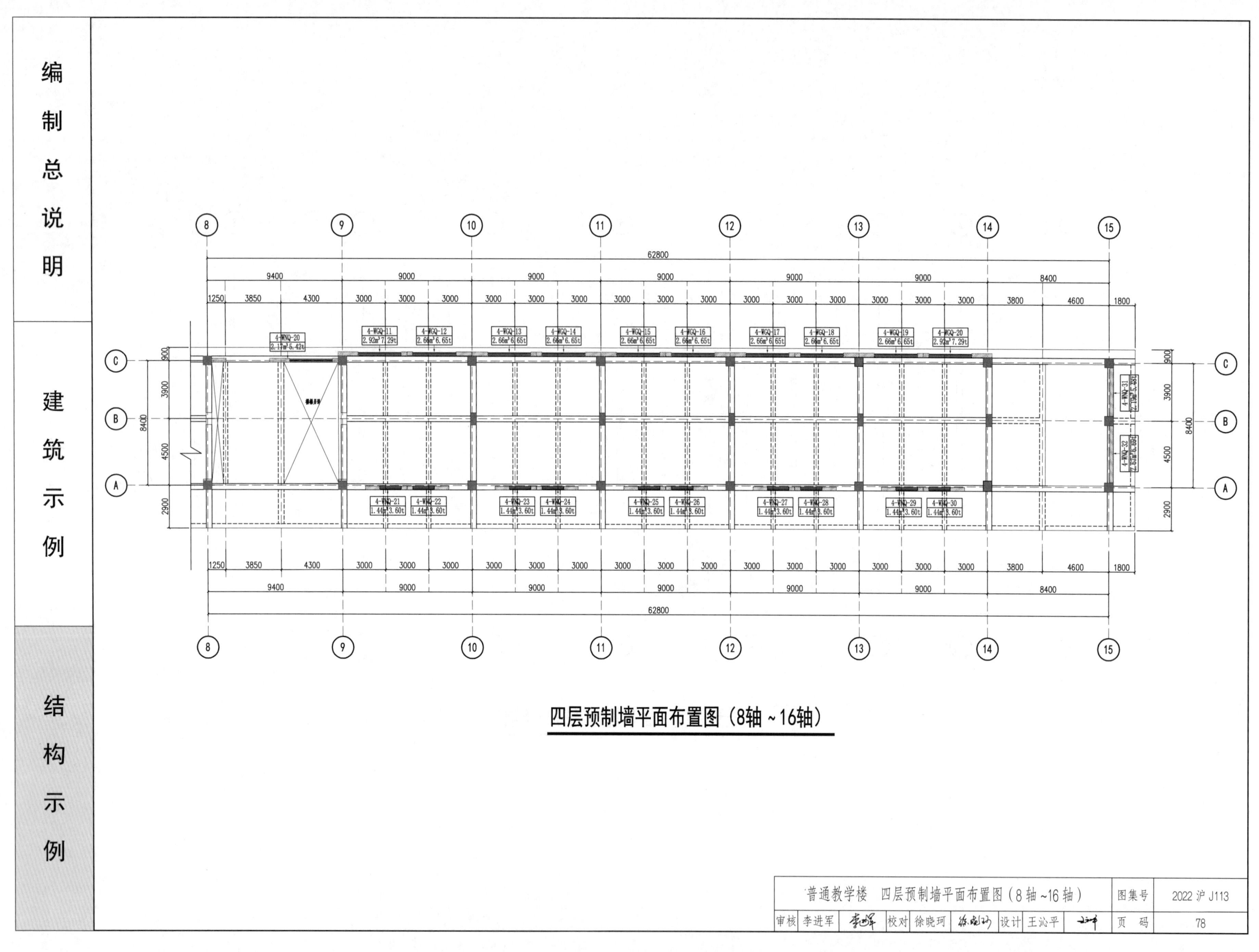

普通教学楼 四层预制墙平面布置图（8轴~16轴）

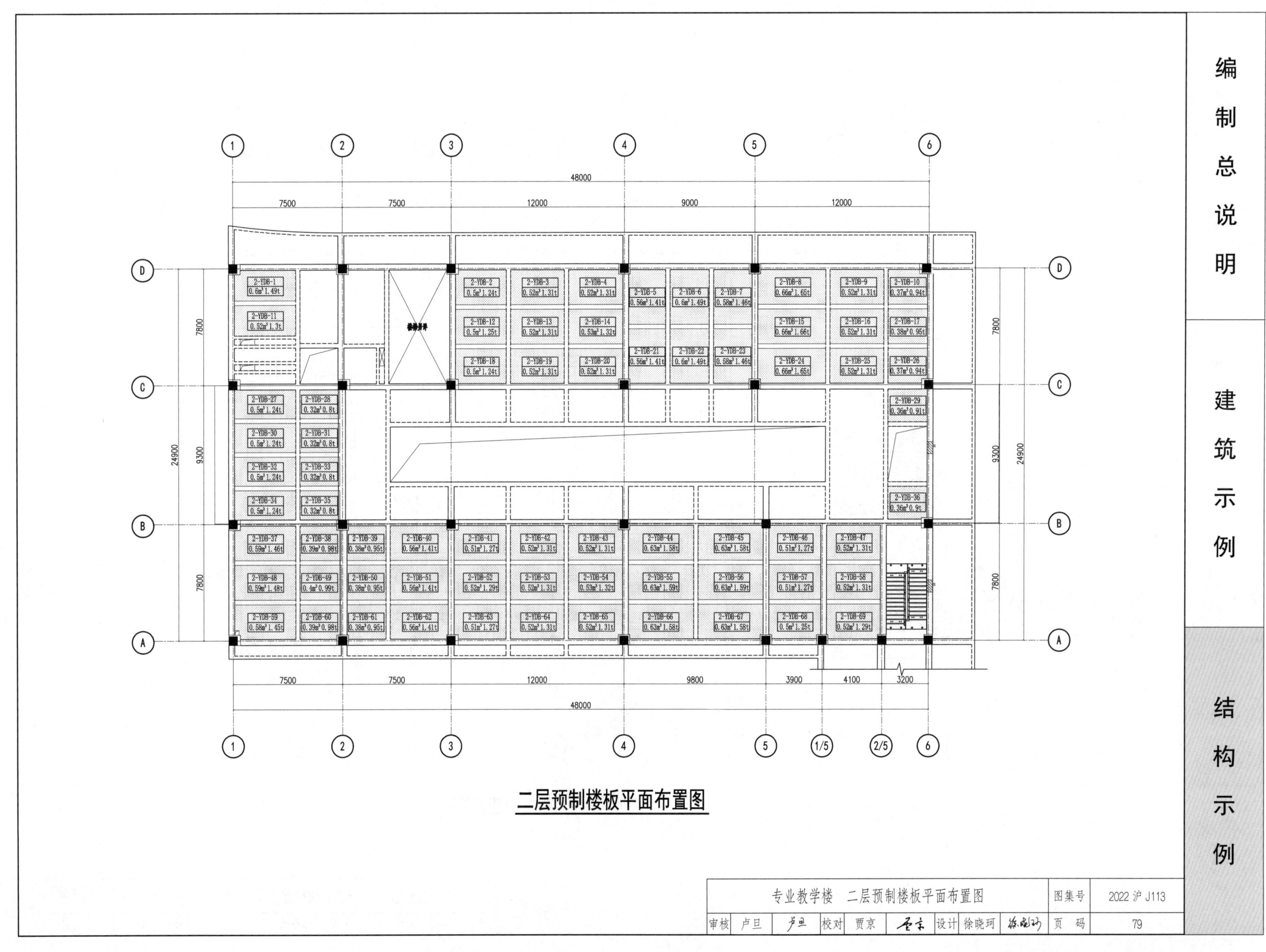

二层预制楼板平面布置图

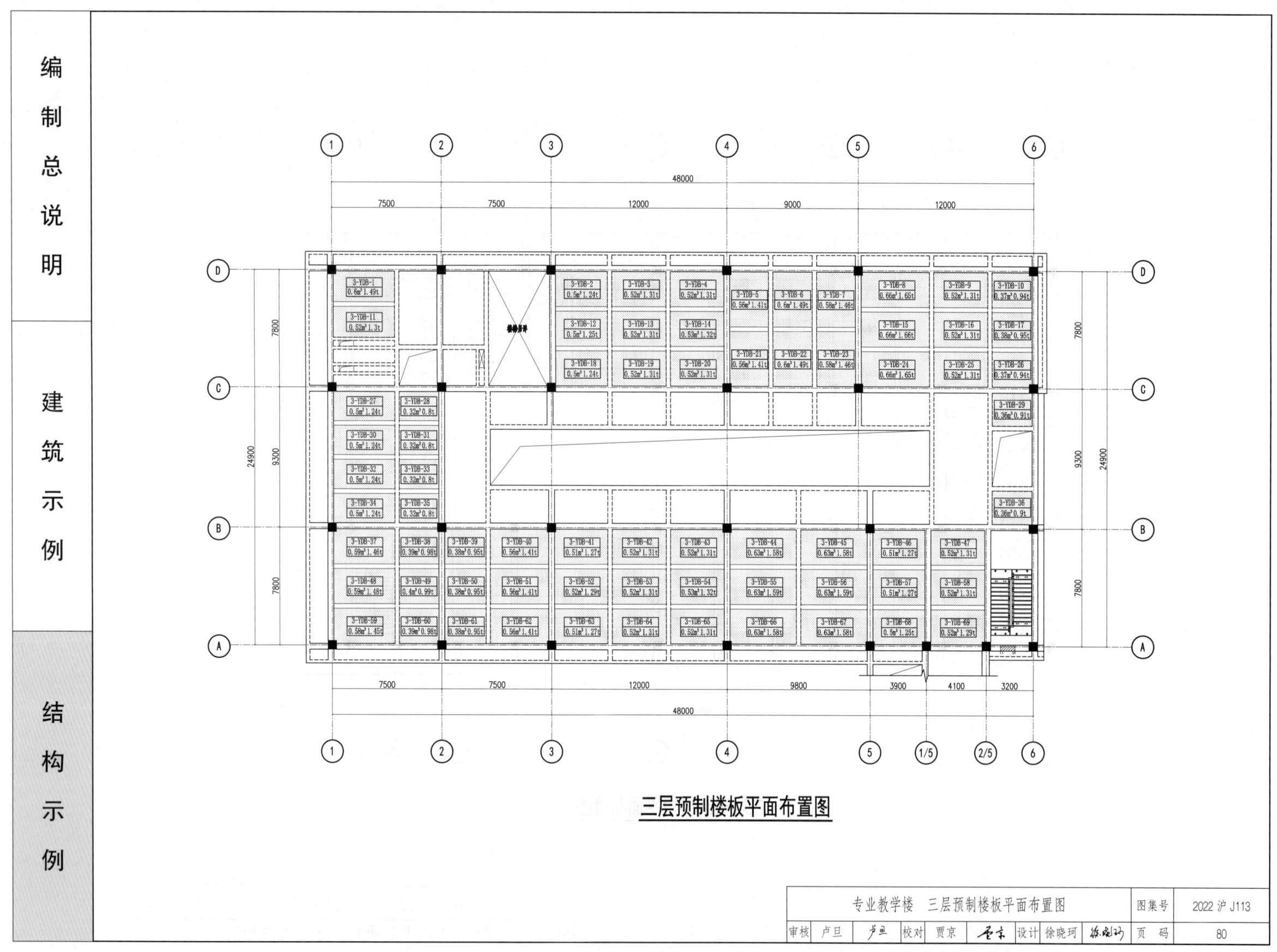

三层预制楼板平面布置图

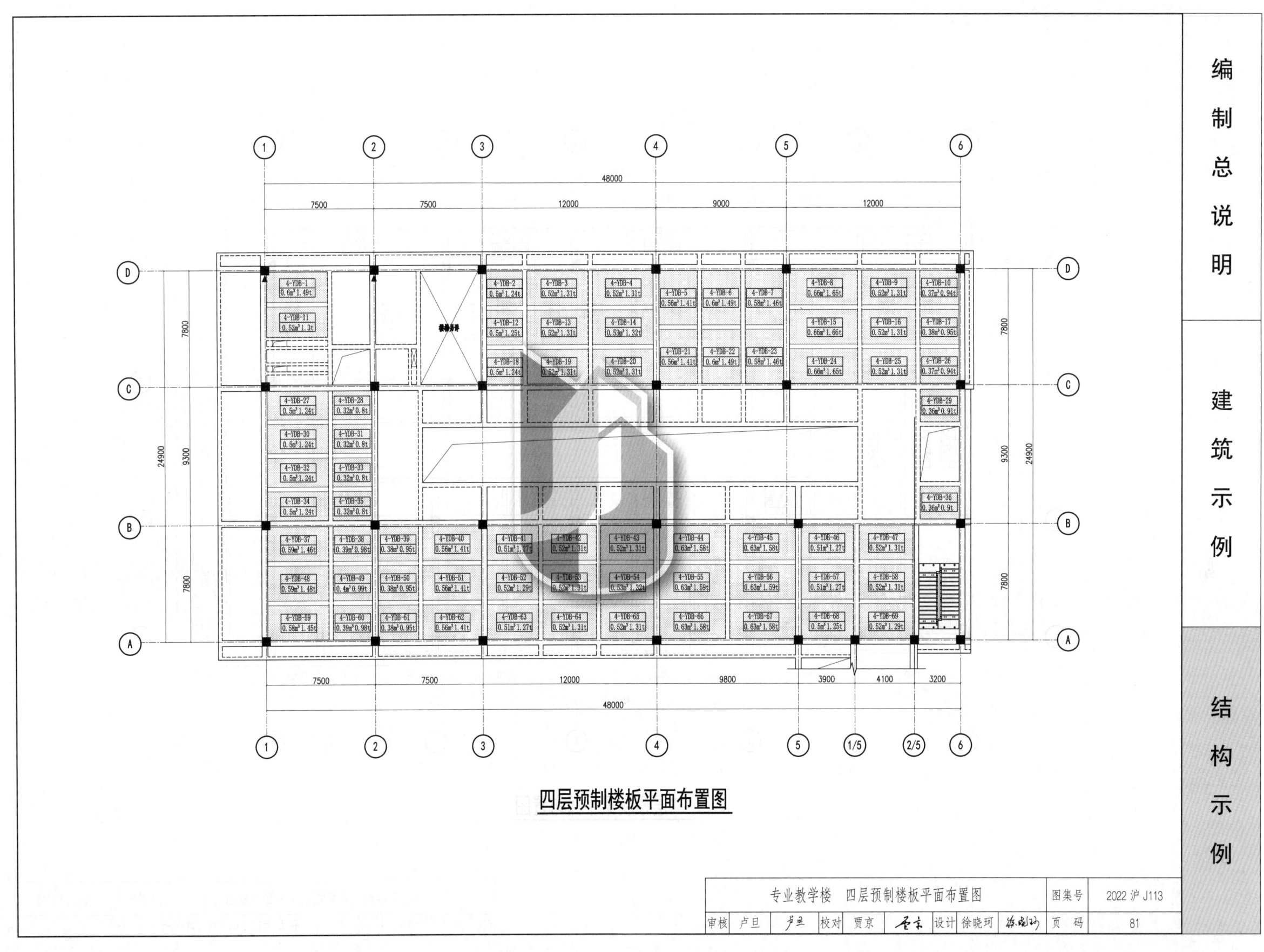

四层预制楼板平面布置图

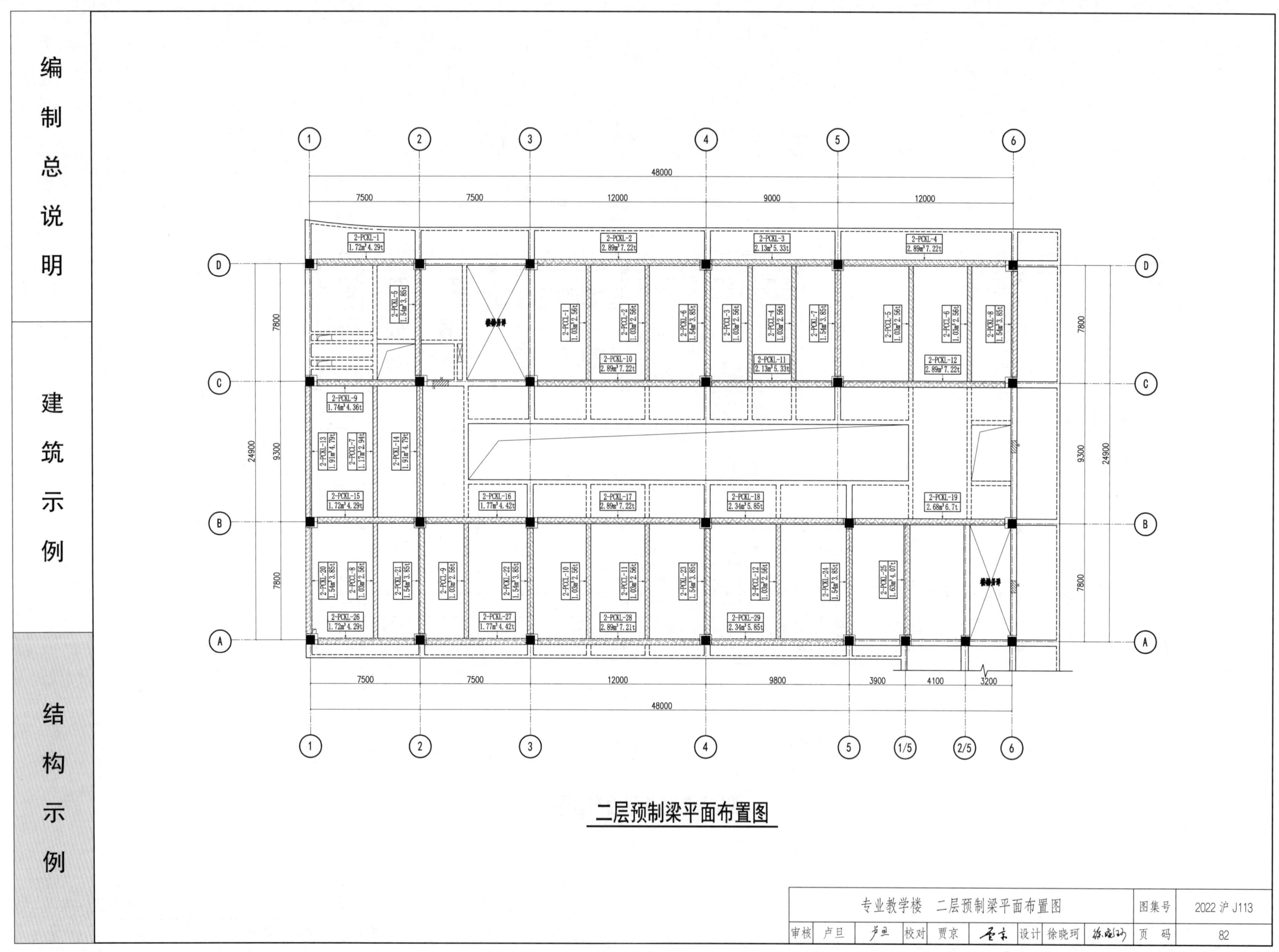

二层预制梁平面布置图

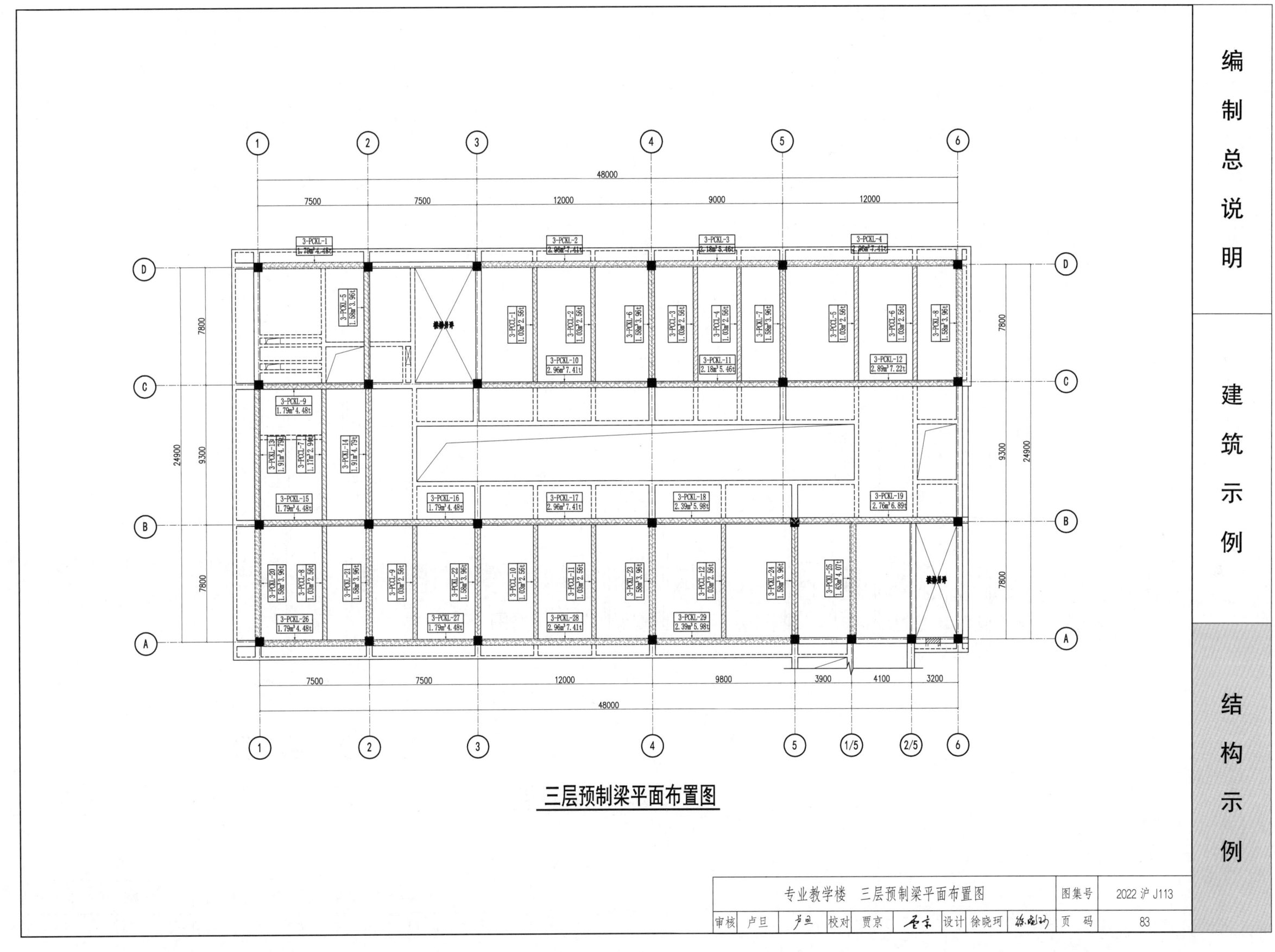

三层预制梁平面布置图

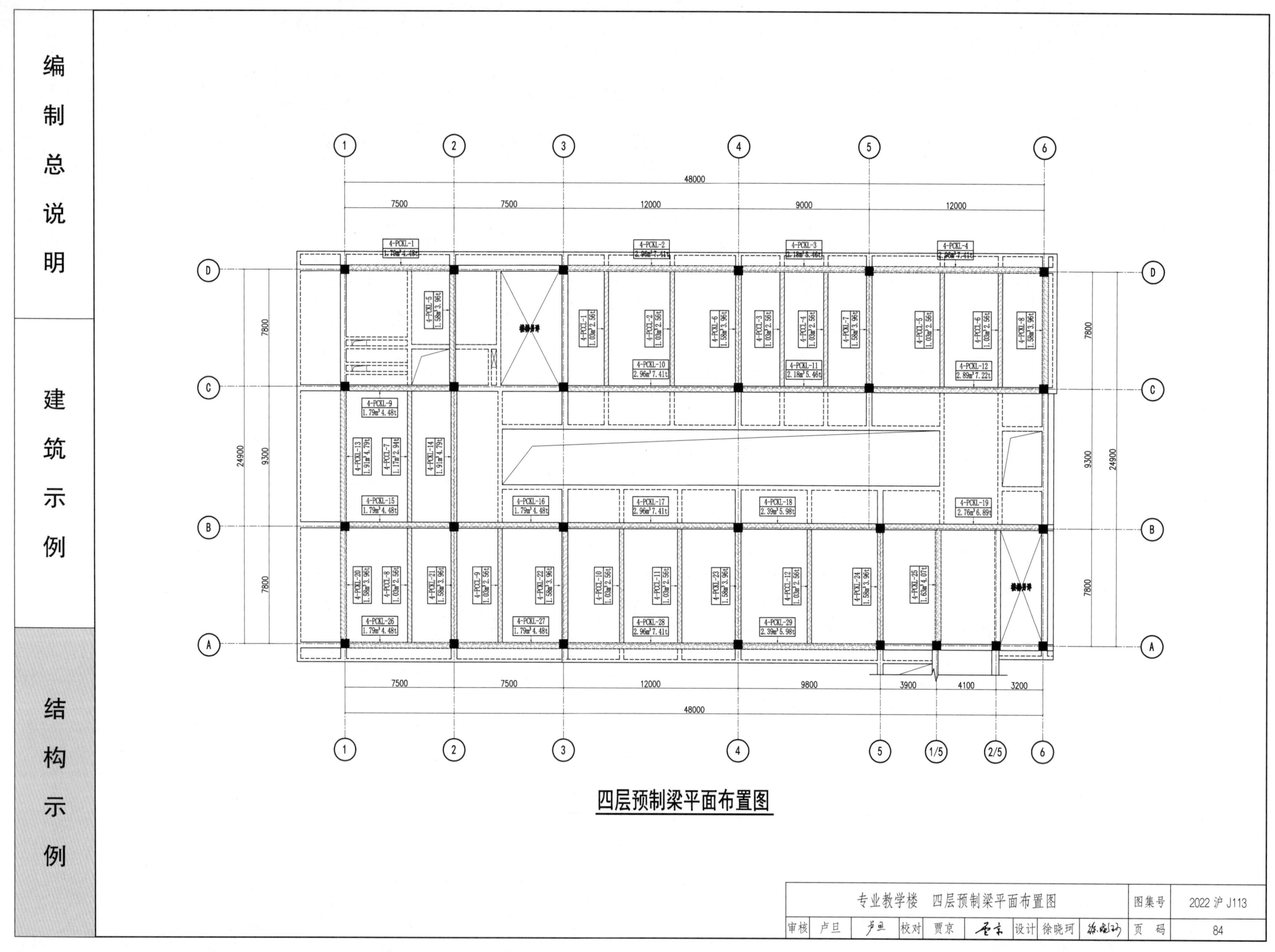

四层预制梁平面布置图

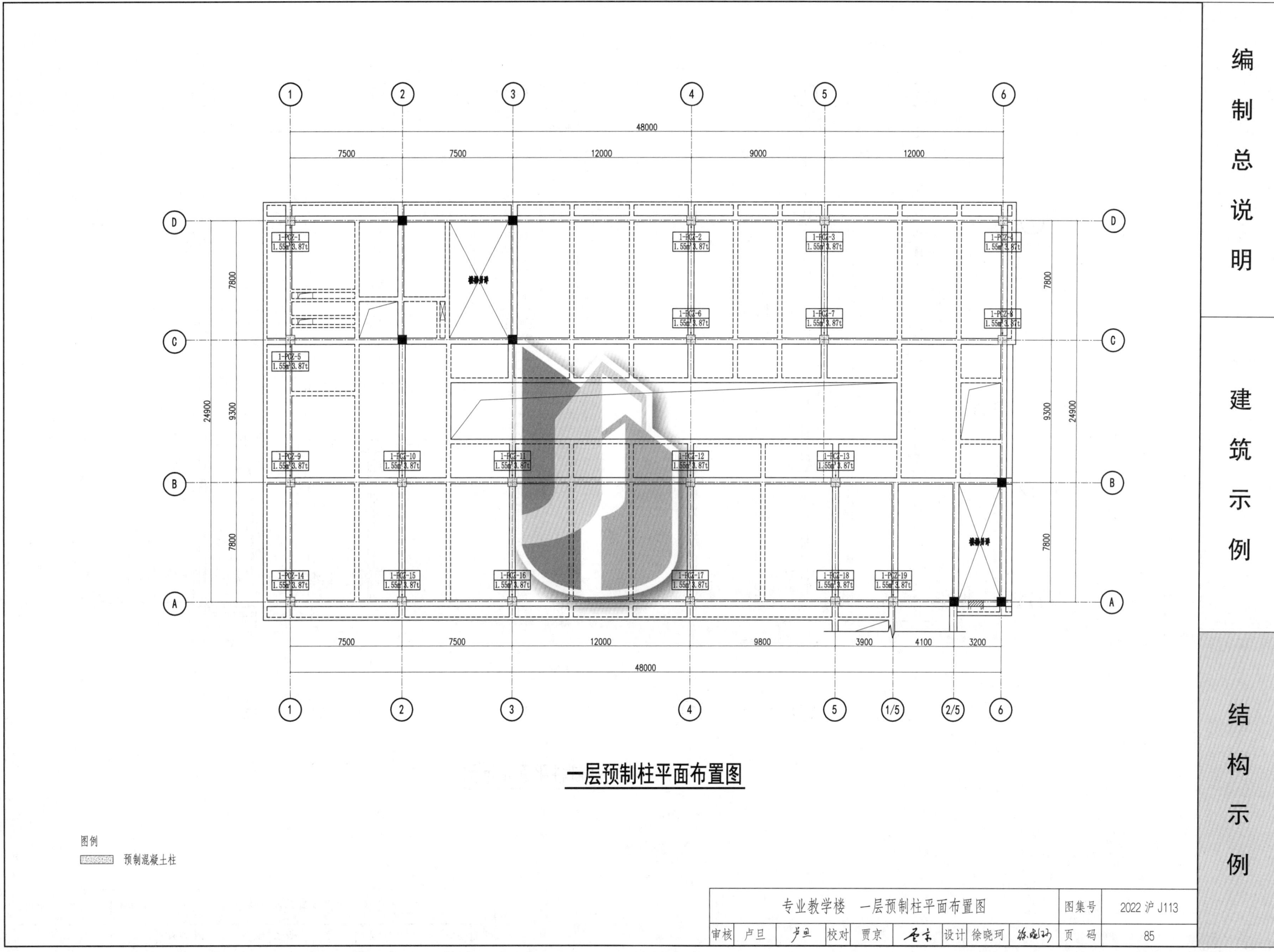

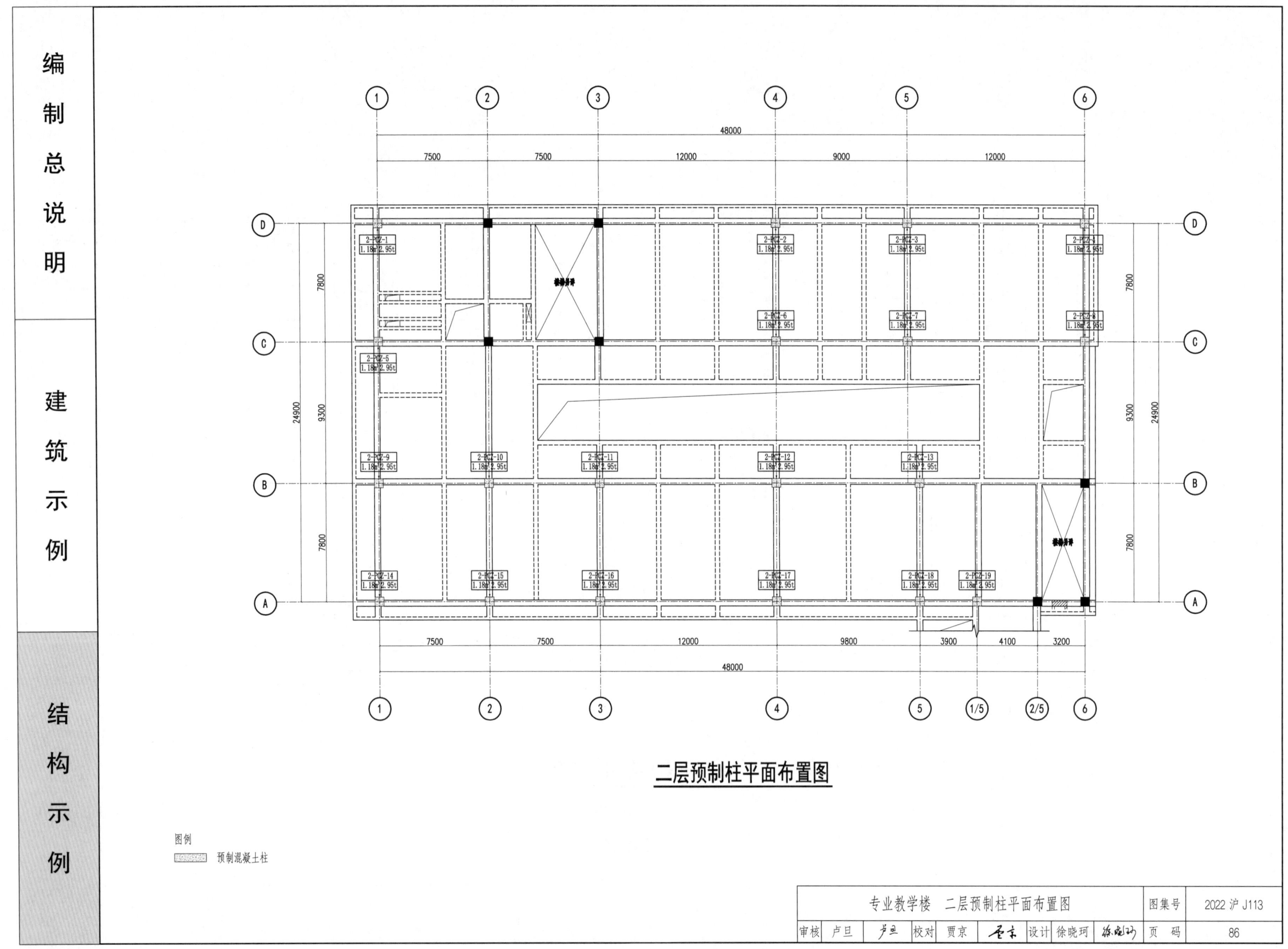

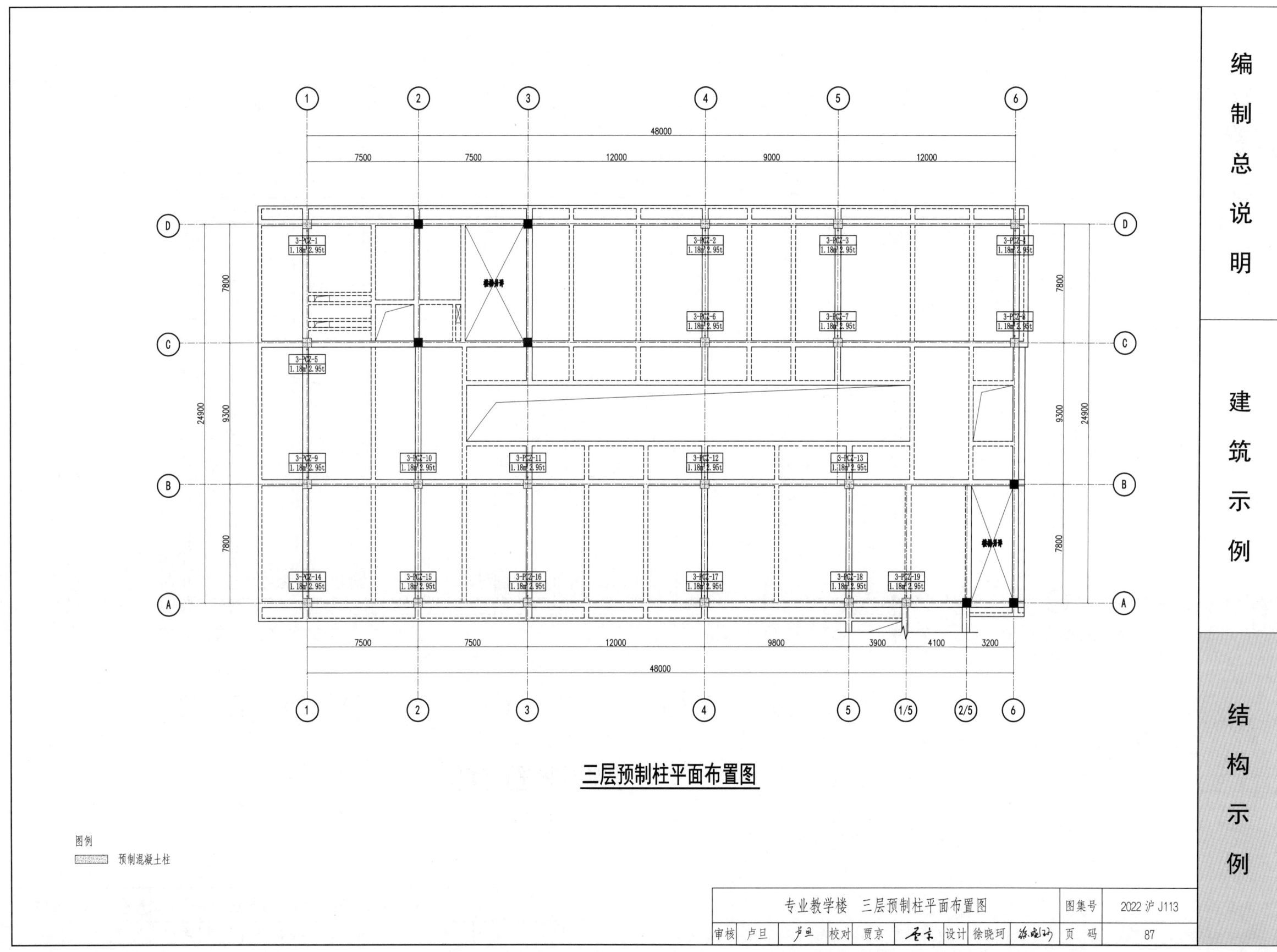

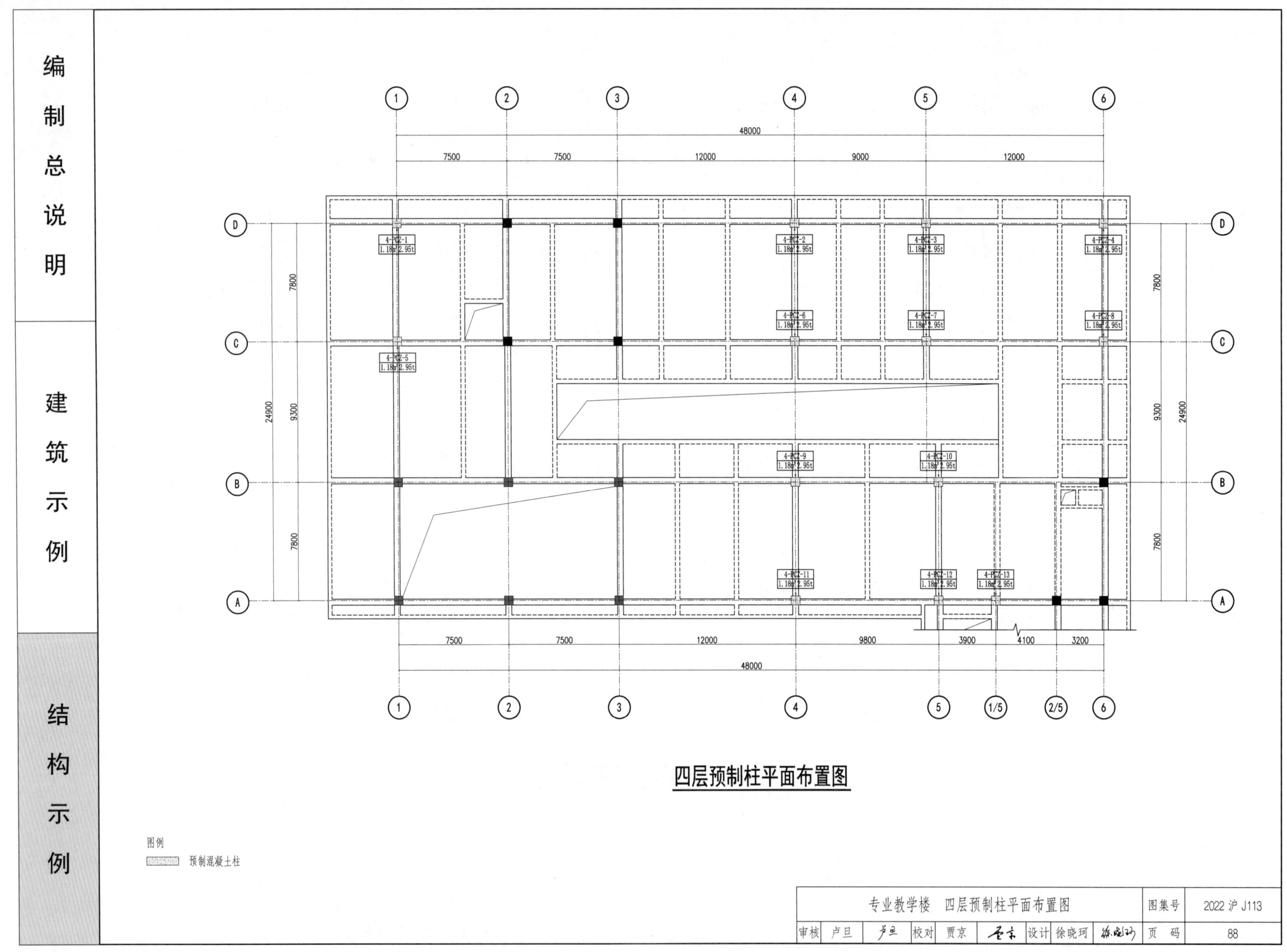

专业教学楼 四层预制柱平面布置图 — 四层预制柱平面布置图 — 图集号 2022 沪 J113

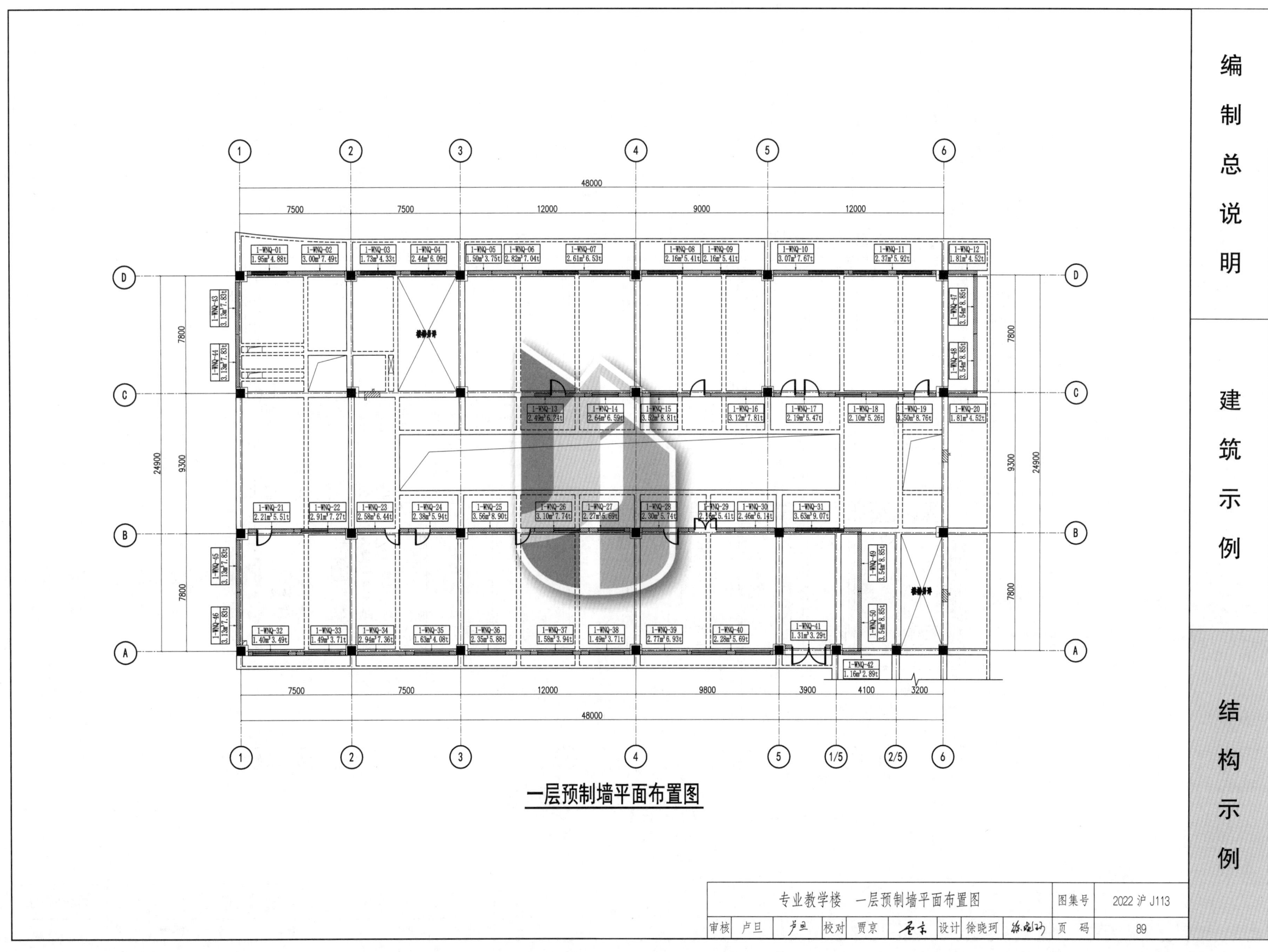

专业教学楼 一层预制墙平面布置图

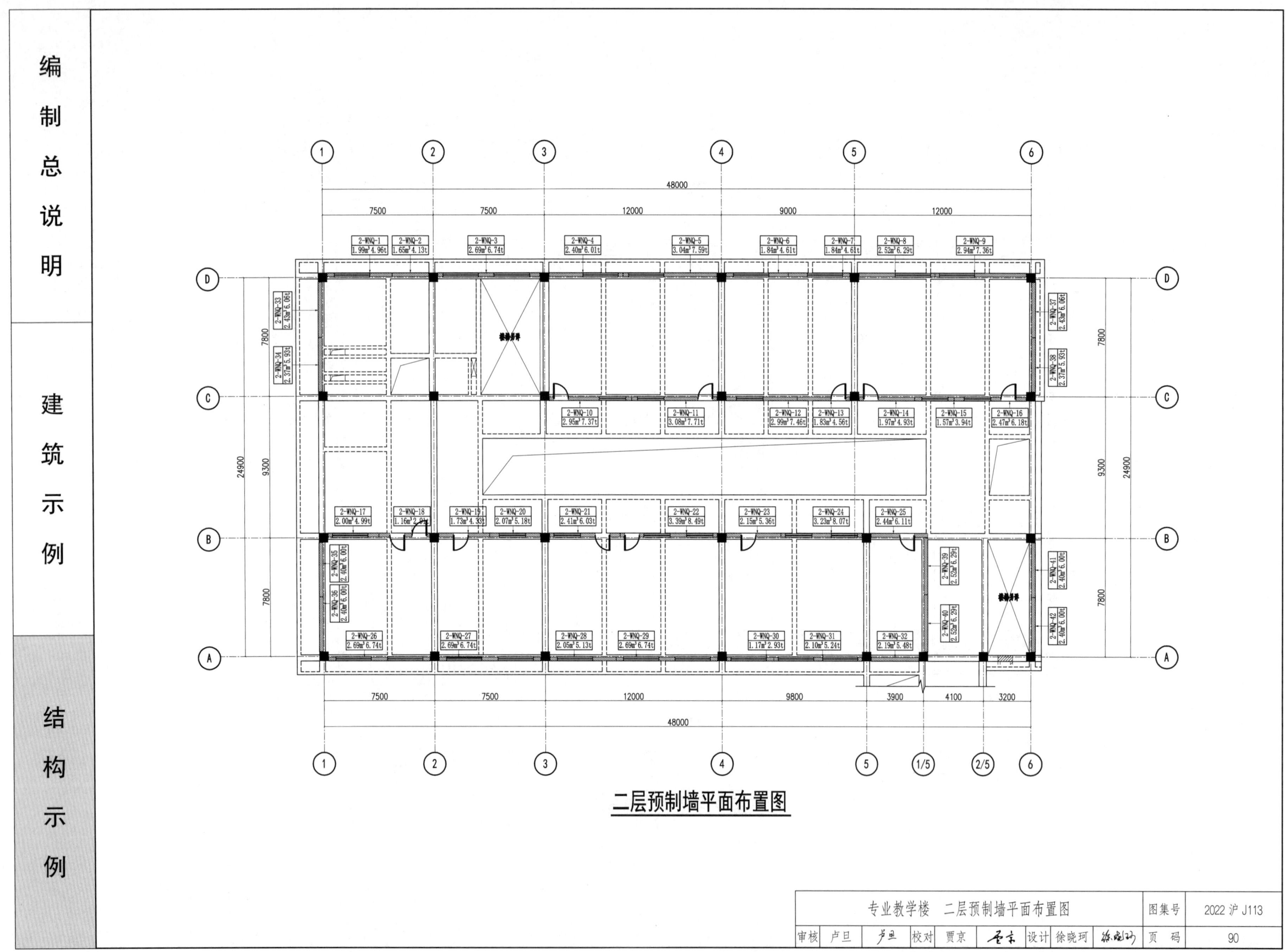

二层预制墙平面布置图

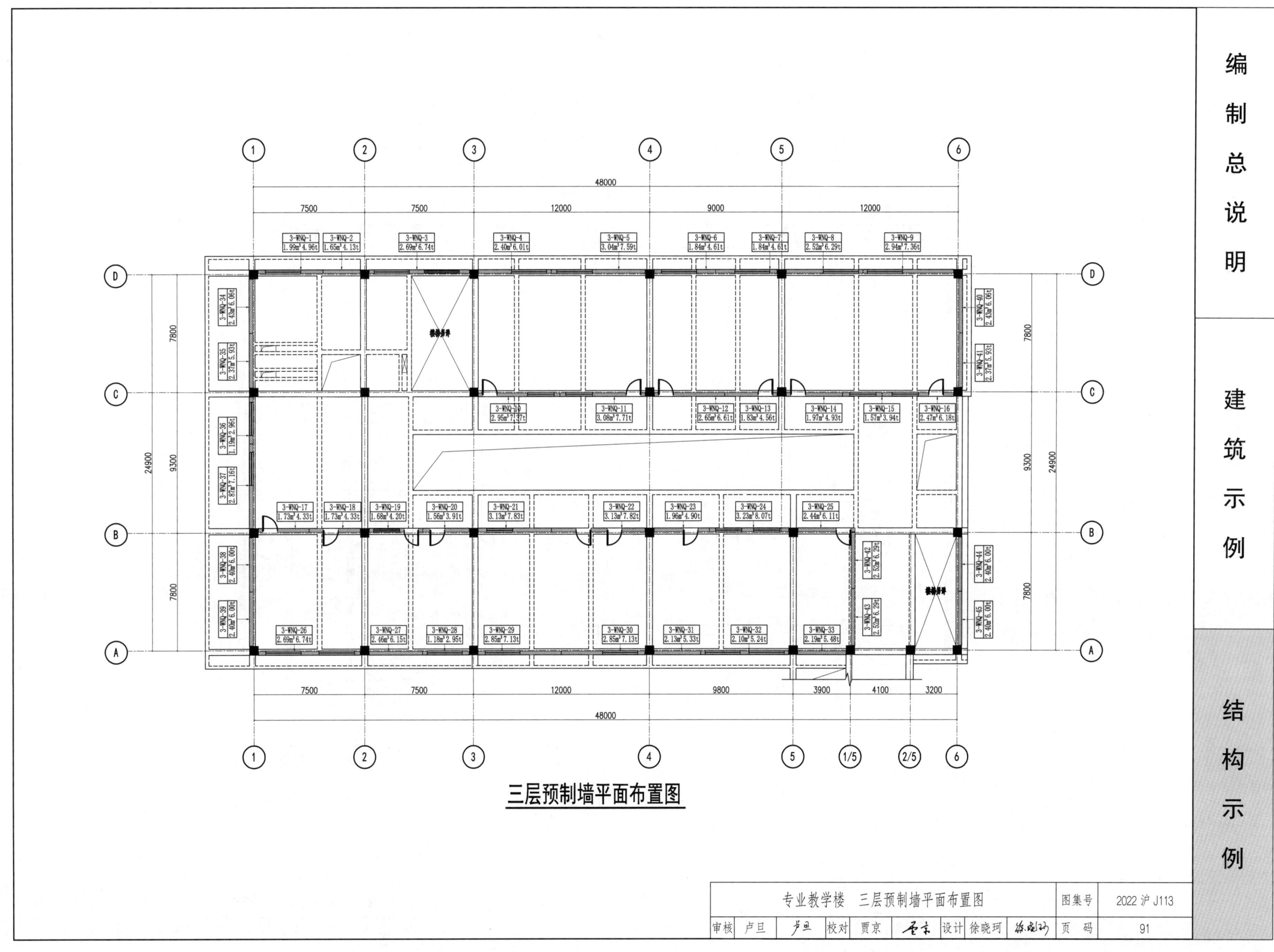

三层预制墙平面布置图

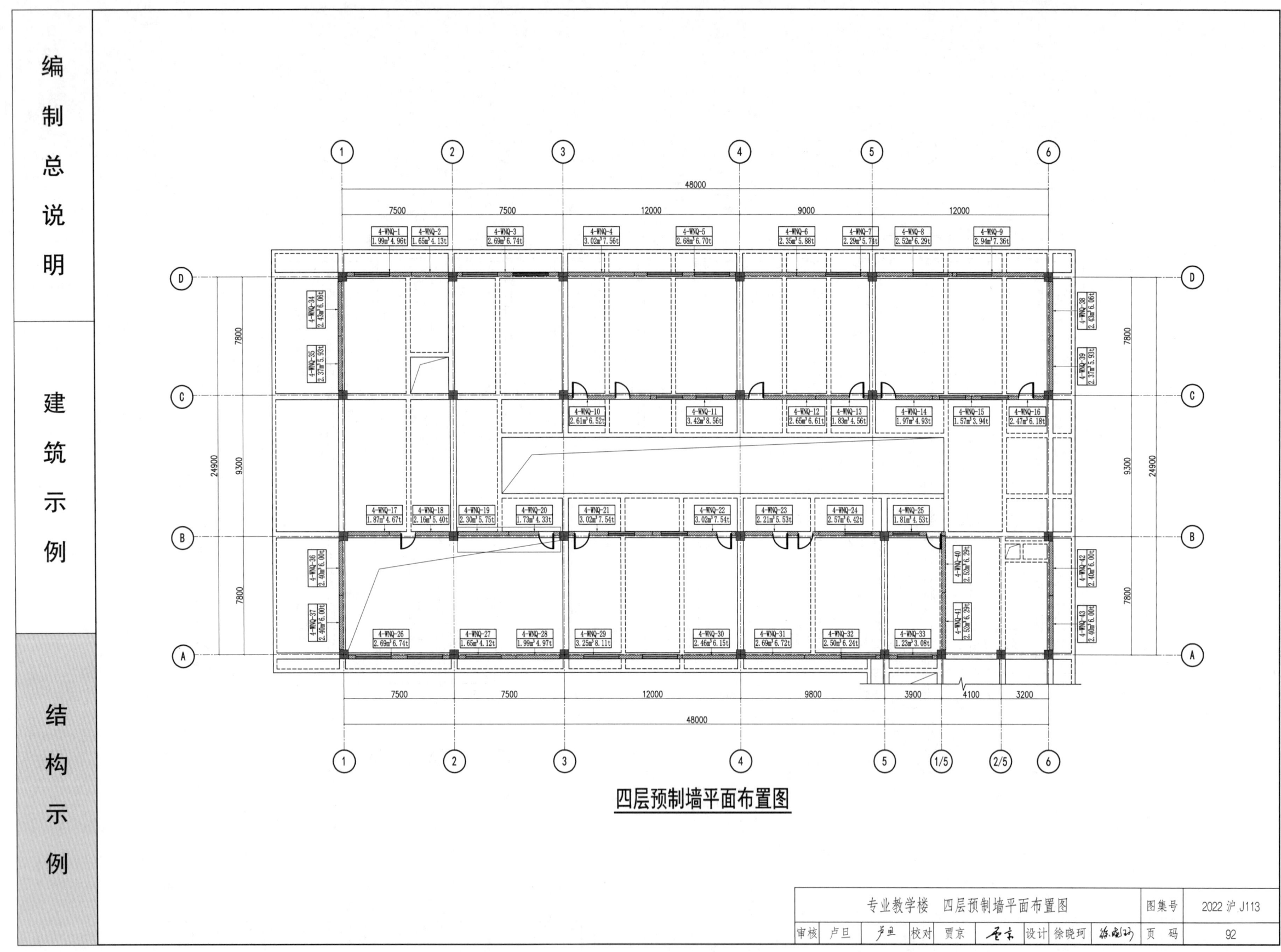

四层预制墙平面布置图

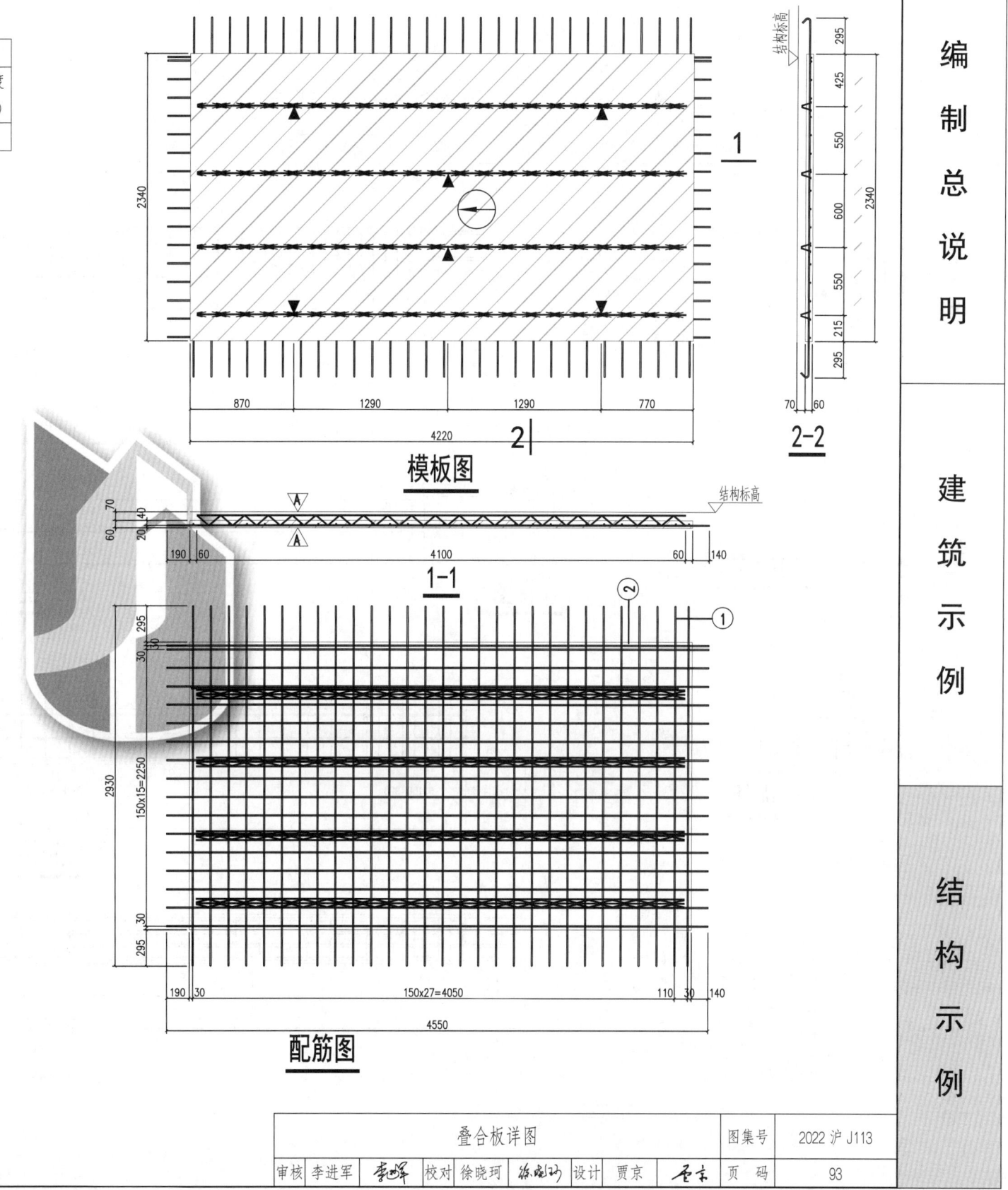

构件明细

楼号	构件型号	厚度(mm)	截面L×B(mm)	混凝土方量(m³)	重量(t)	混凝土强度(MPa)
专业教学楼	2-YDB-2	60	4220×2340	0.59	1.48	C30

钢筋明细表

编号	直径	尺寸	数量
①	⌀8	2720	29
②	⌀8	4550	17
A100桁架		4100	4

说明：
1. 预制构件混凝土强度等级为C35。
2. 预制叠合板混凝土保护层厚度为15mm。
3. 预制叠合板与现浇混凝土连接面应设置粗糙面，粗糙面凹凸大于4mm。
4. 若预留洞口与板钢筋冲突，板钢筋局部弯折，避开洞口。
5. 钢筋桁架规格及代号详见《桁架钢筋混凝土叠合板（60mm厚度板）》15G366-1第4页表7。桁架钢筋应沿主要受力方向布置；桁架钢筋距板边不应大于300mm，间距不大于600mm；桁架钢筋直径不小于8mm，腹杆钢筋直径为6mm；桁架钢筋弦杆混凝土保护层厚度为15mm。
6. 未注明构件连接详见《装配式混凝土结构连接节点构造（2015年合订本）》15G310-1~2。

叠合板详图

图集号：2022 沪 J113

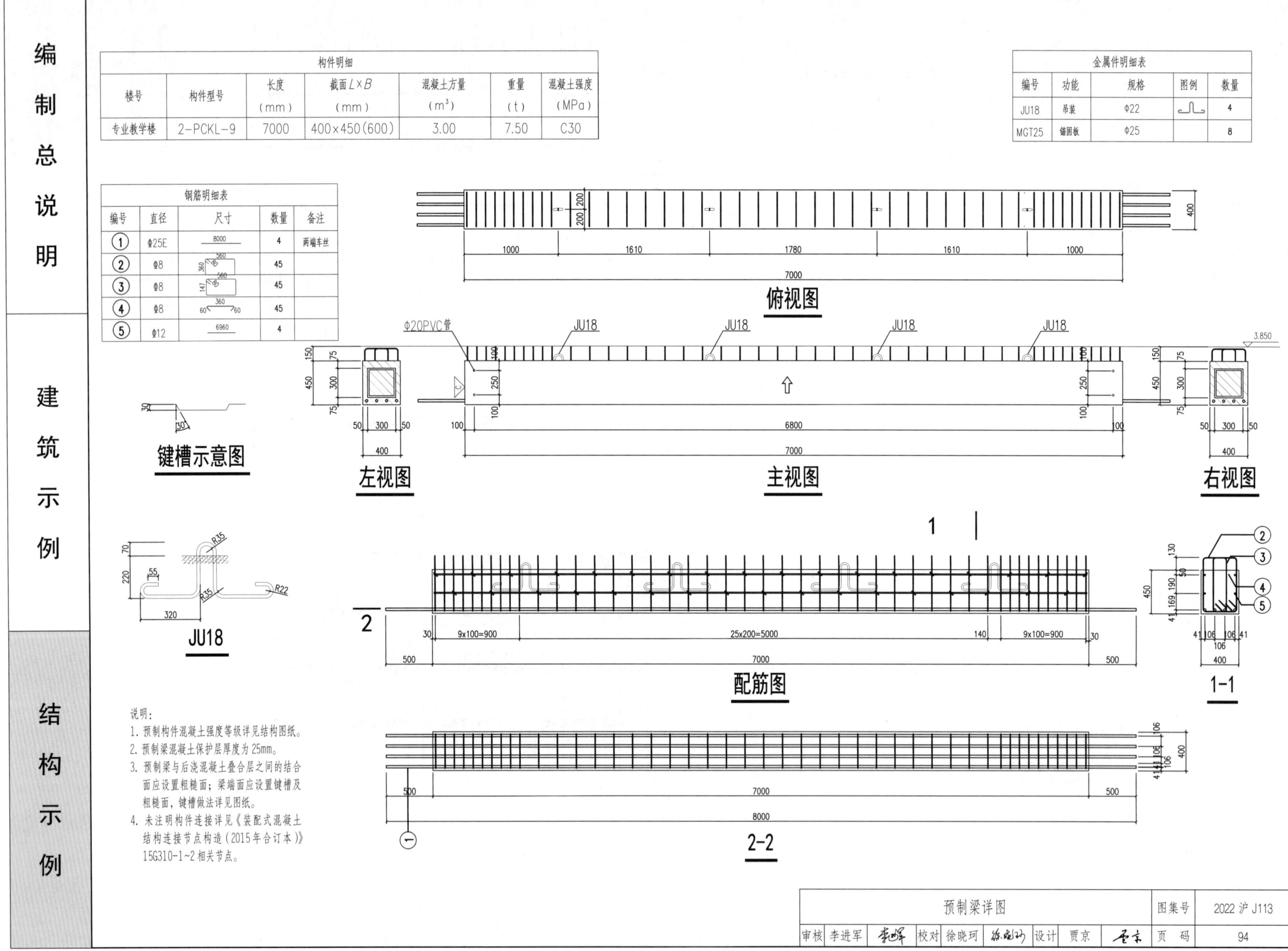

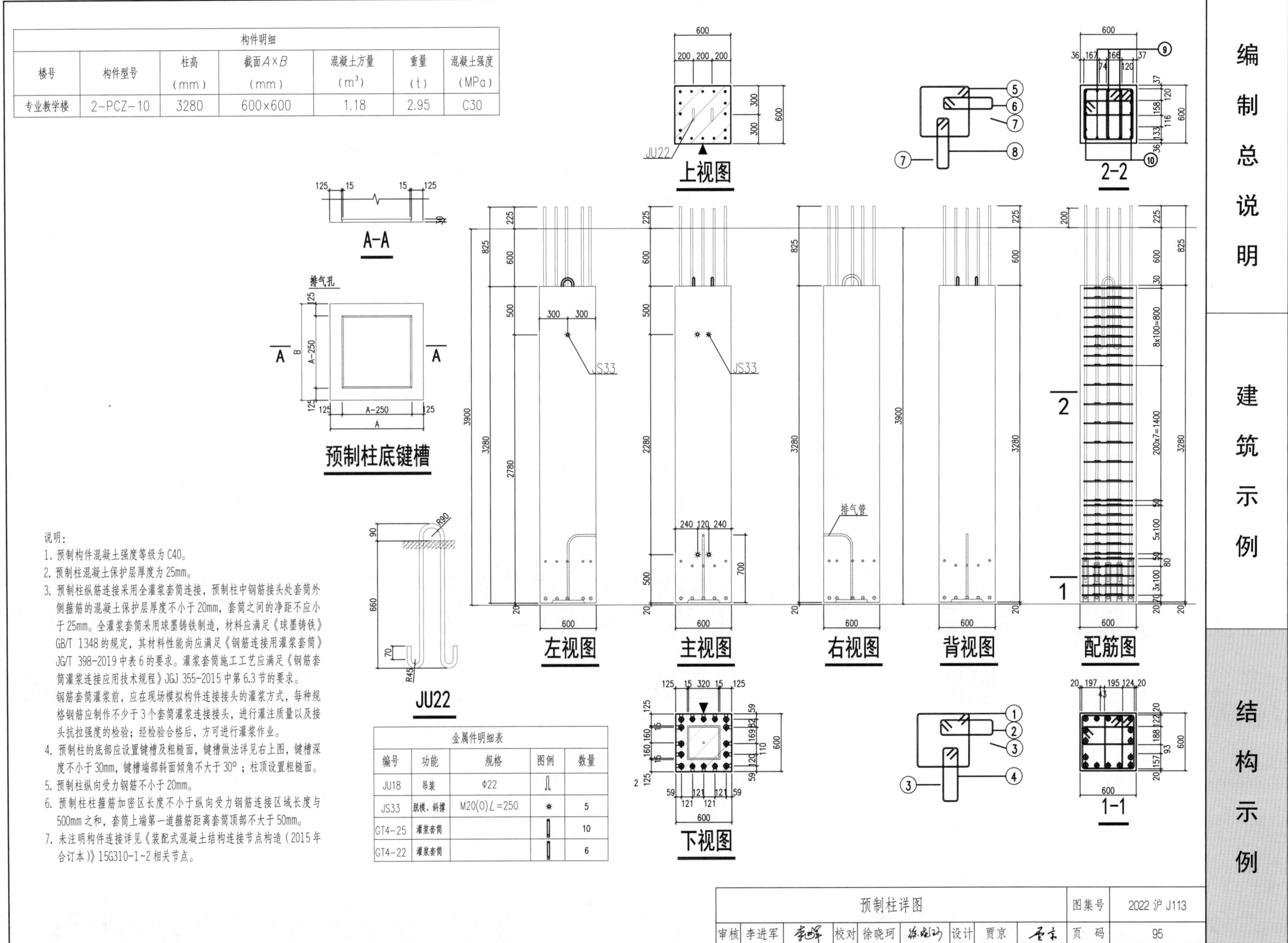

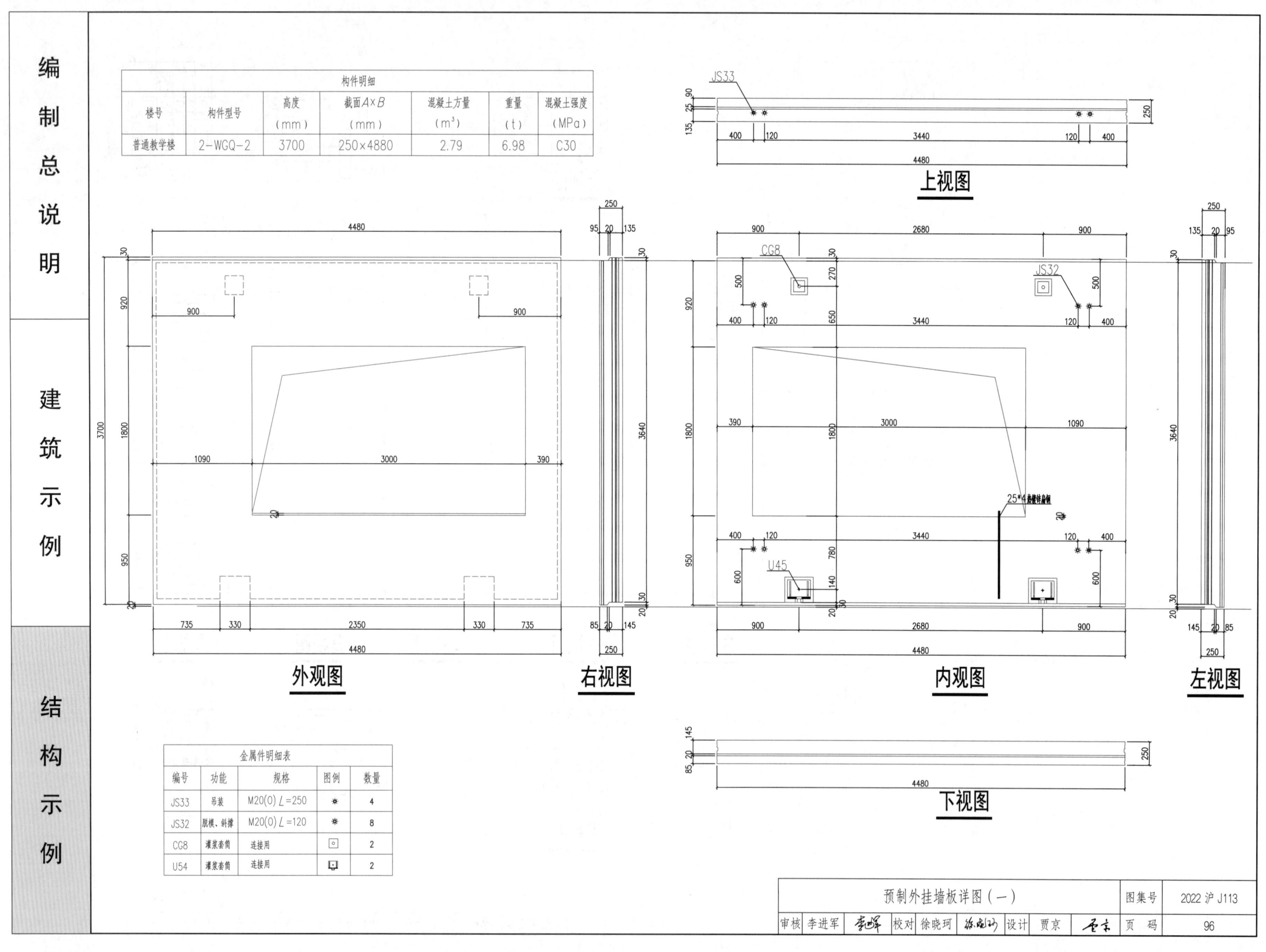

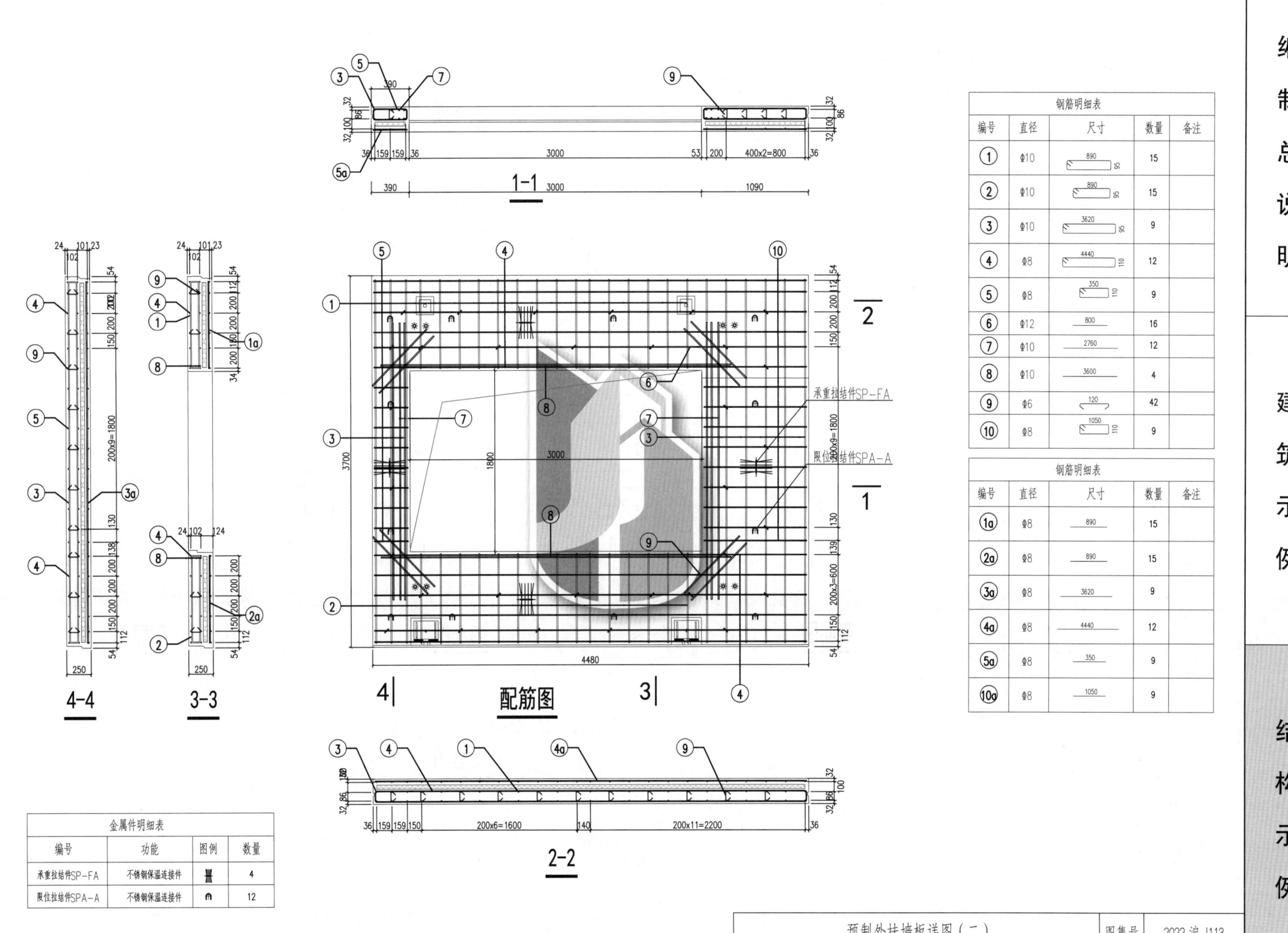

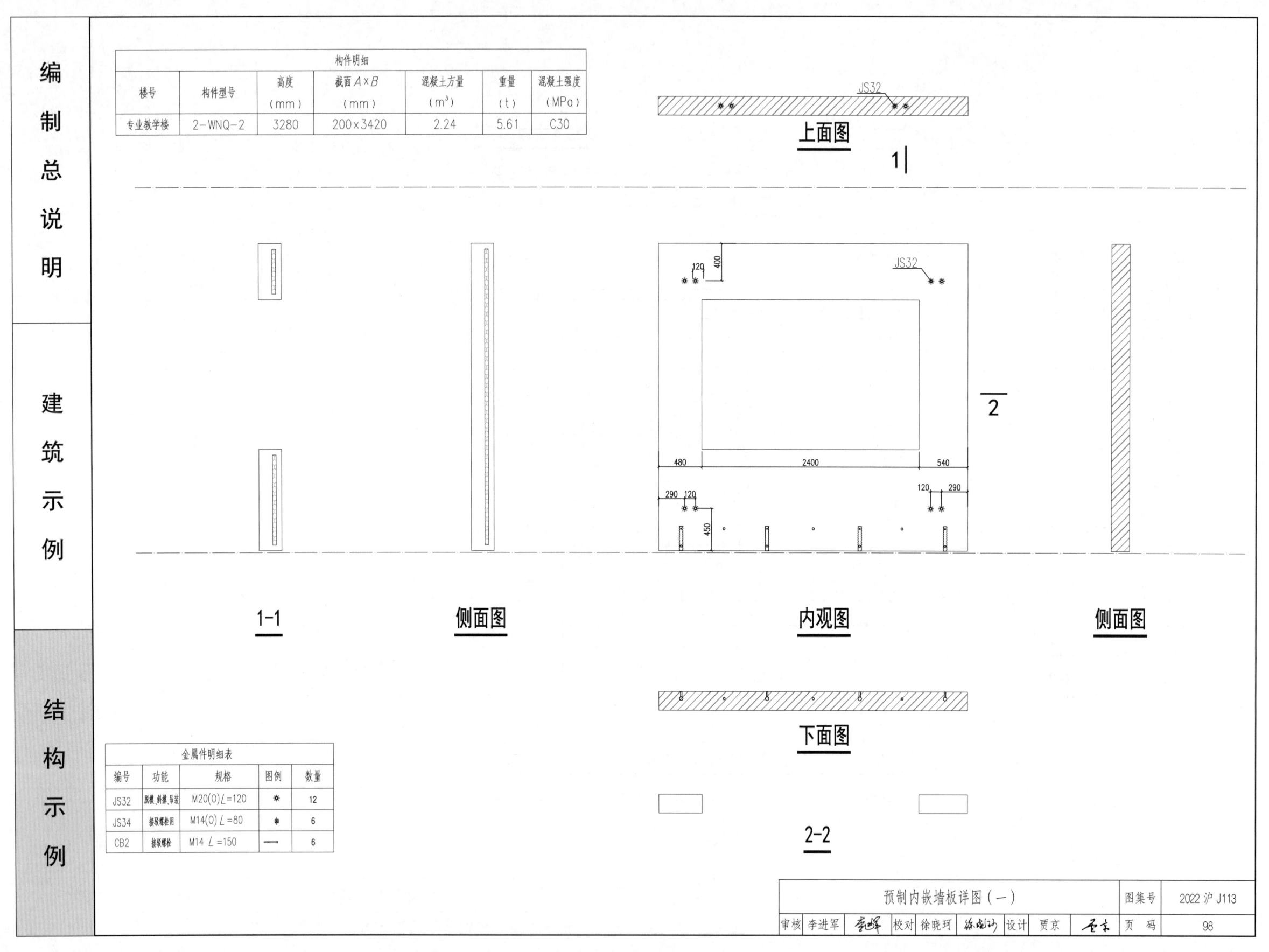

预制内嵌墙板详图（一）

图集号 2022沪J113

页码 98

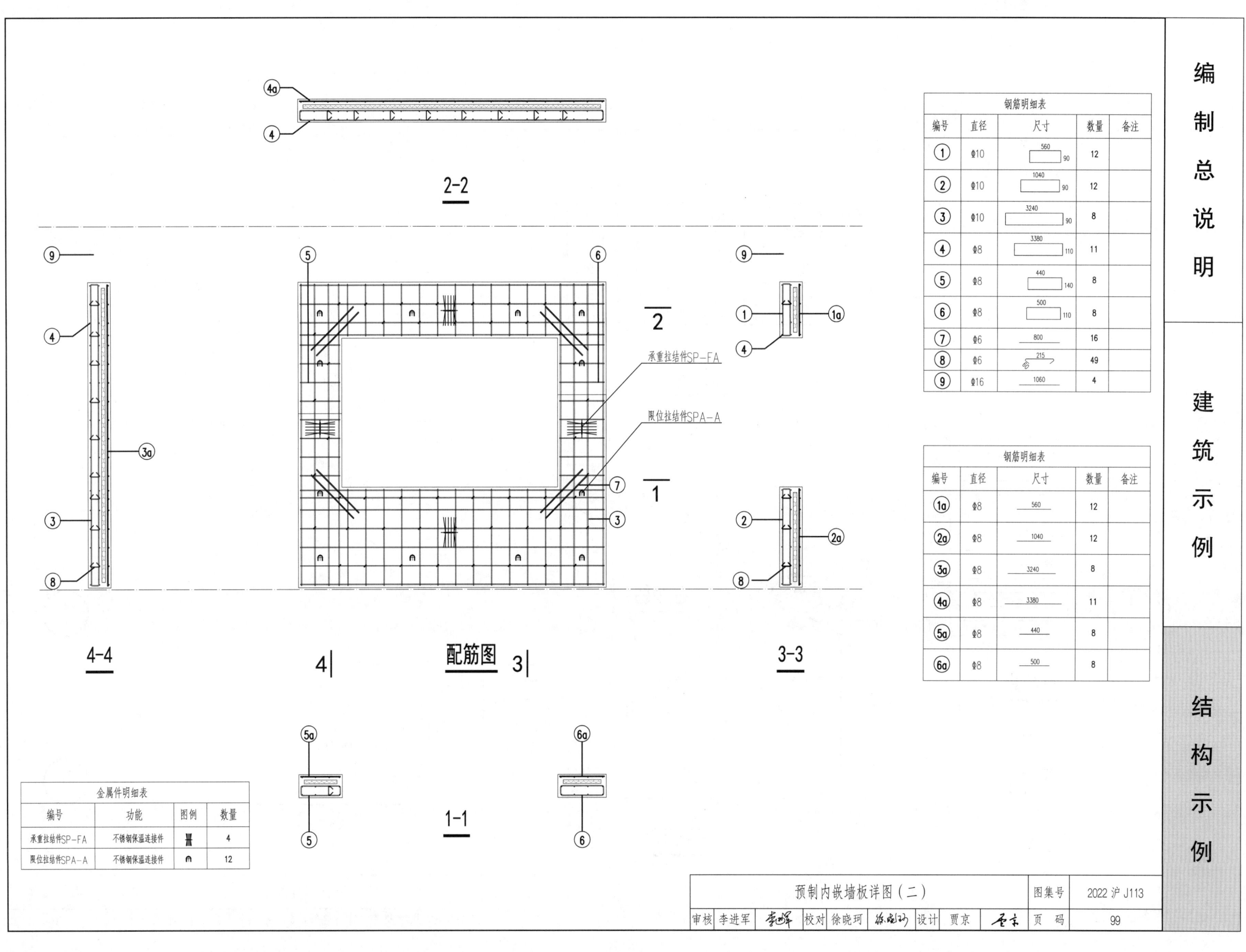

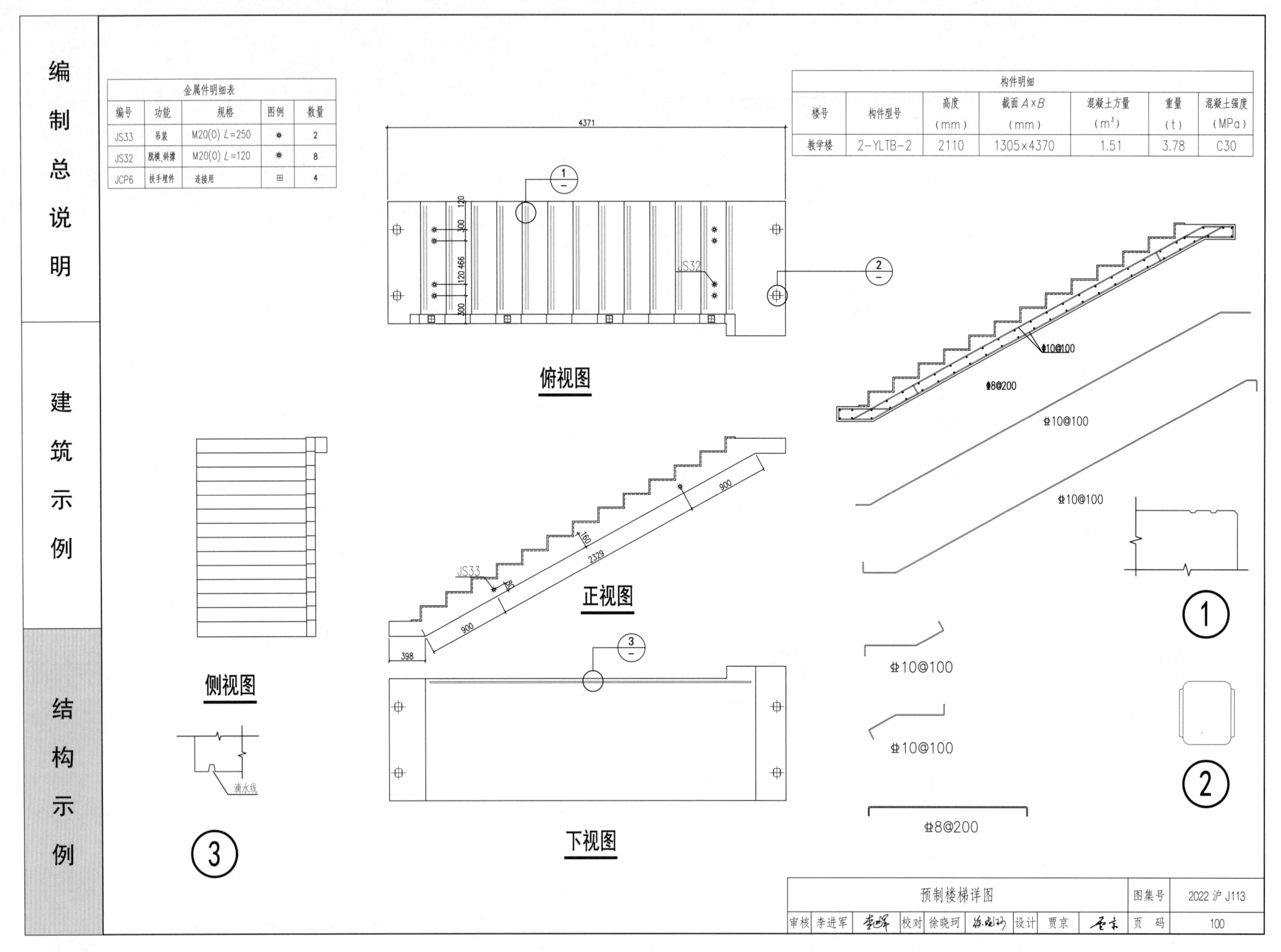

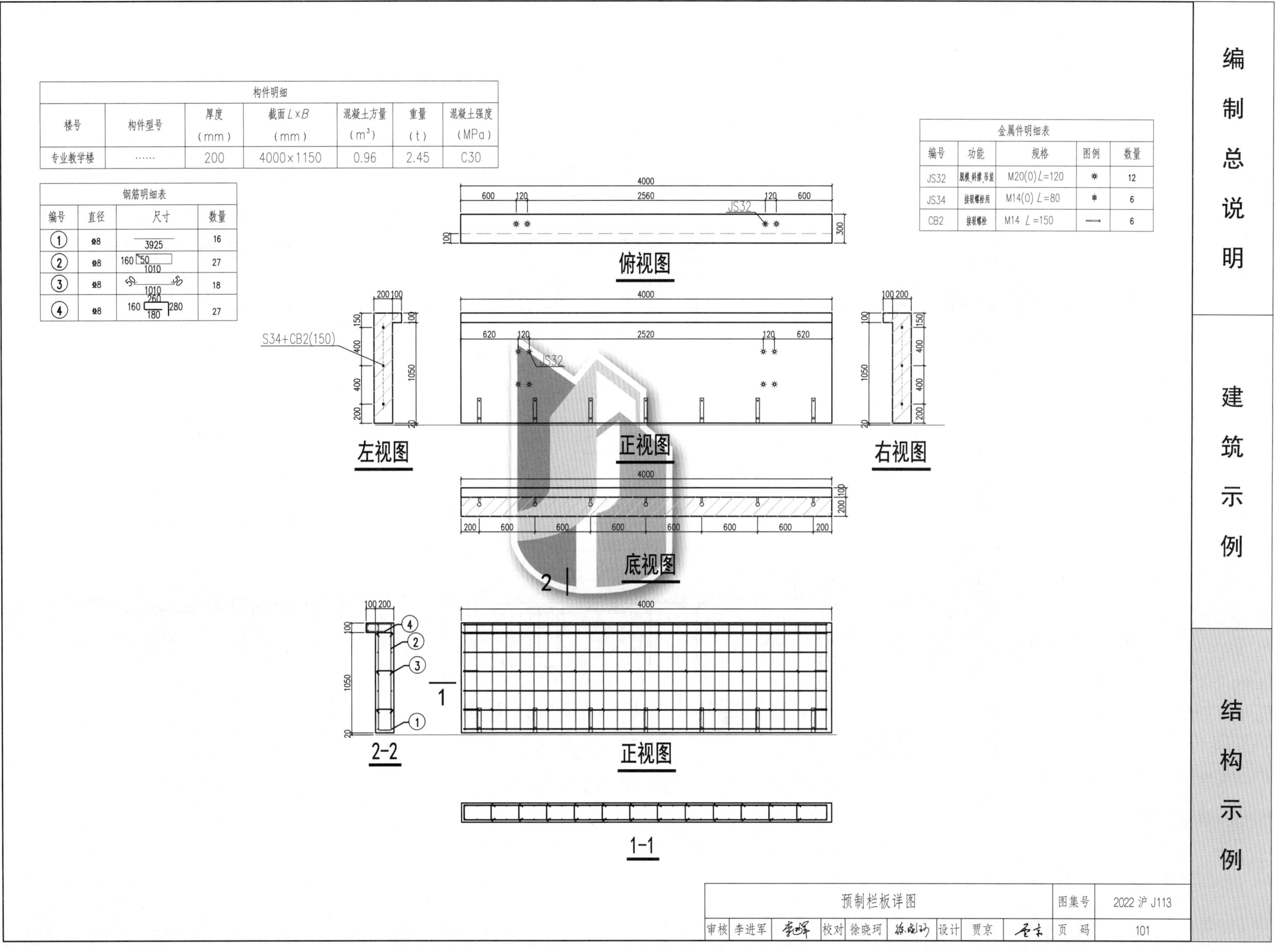

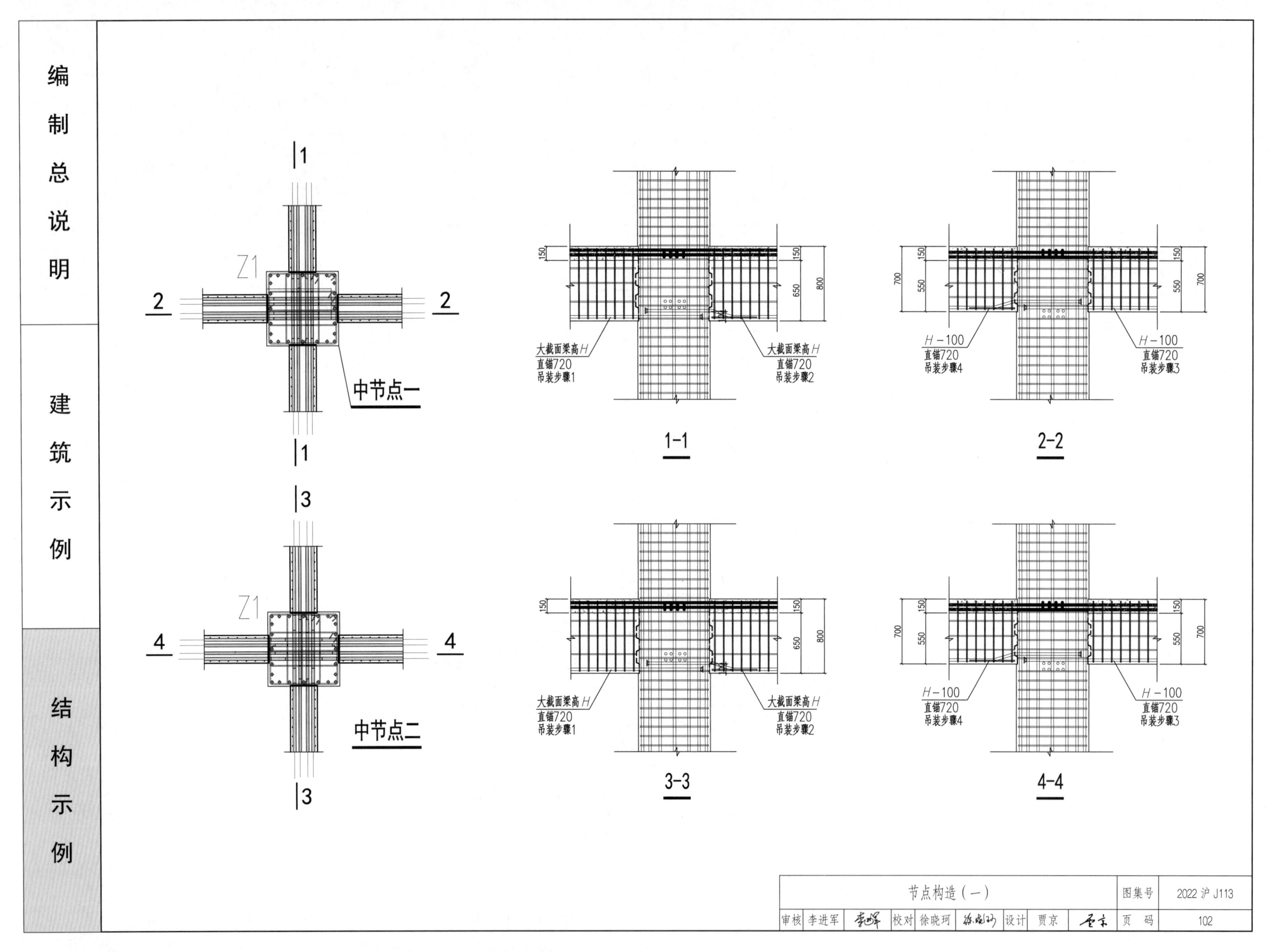

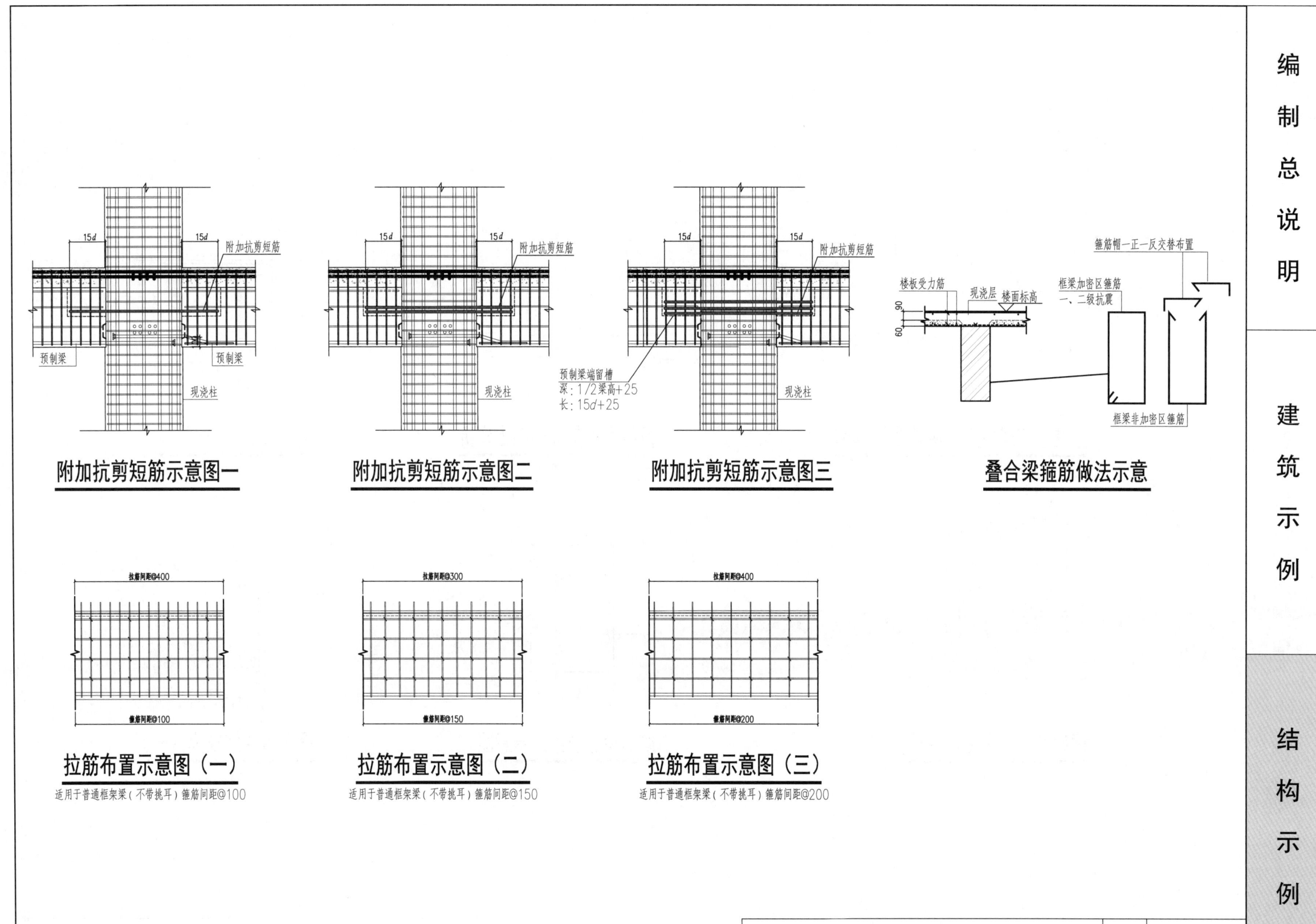

编制总说明　建筑示例

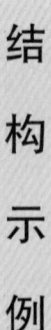
结构示例

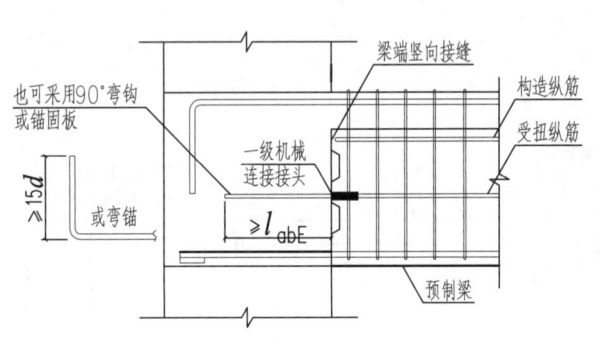
梁柱节点梁端受扭纵筋锚固构造
(剖面图)

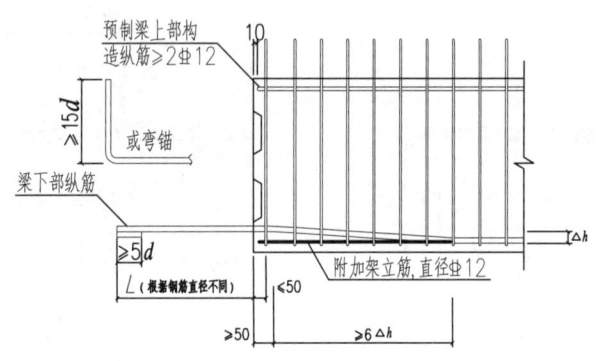
框架梁下部纵筋向上弯折
(剖面图)

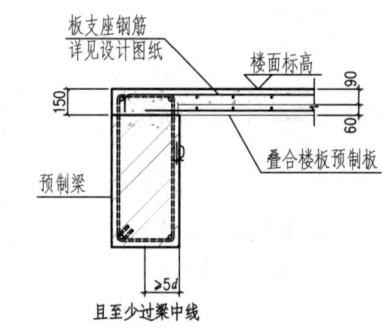
叠合板边支座（一）

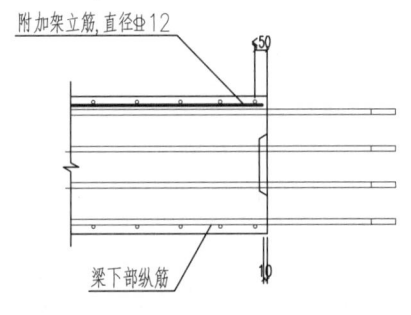
框架梁下部纵筋水平偏位
(平面图)

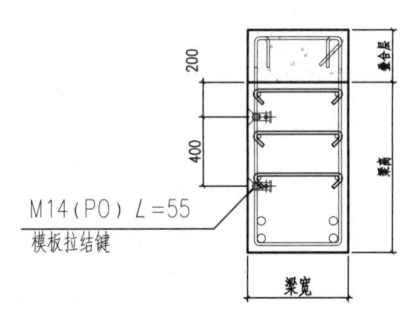
梁端模板拉结键示意图

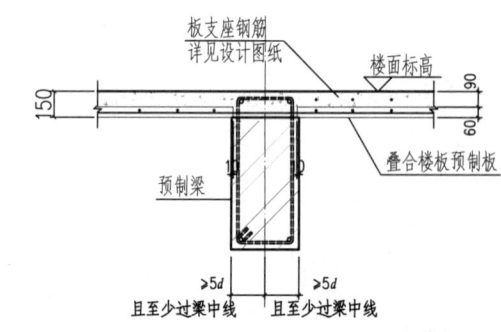
叠合板中间支座（一）

节点构造（三）	图集号	2022 沪 J113
审核 李进军　校对 徐晓珂　设计 贾京	页 码	104

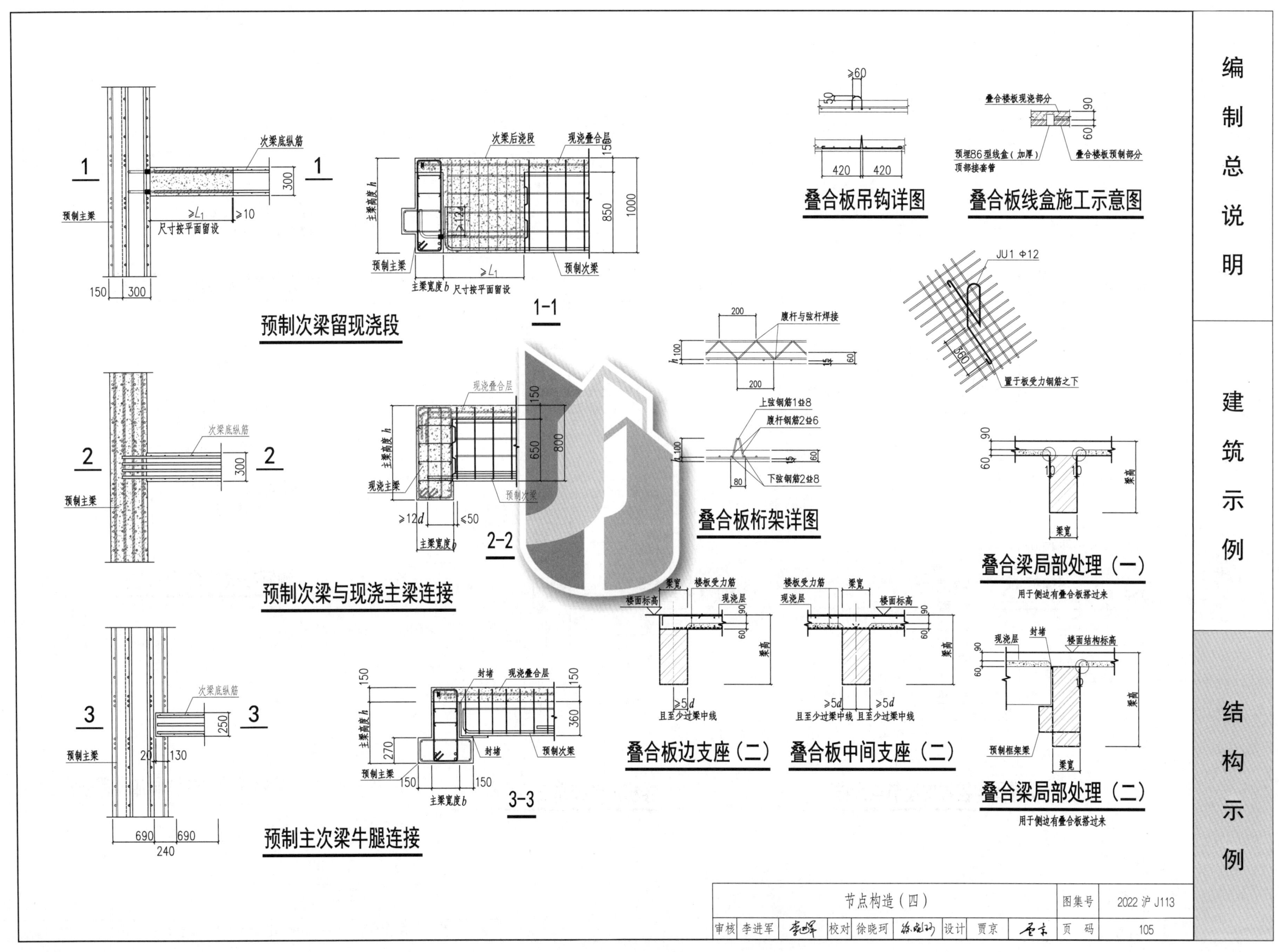

编制总说明

建筑示例

结构示例

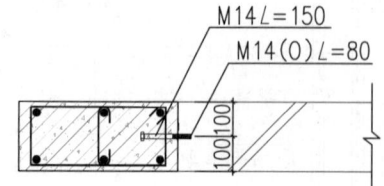
预制栏板与构造柱水平连接

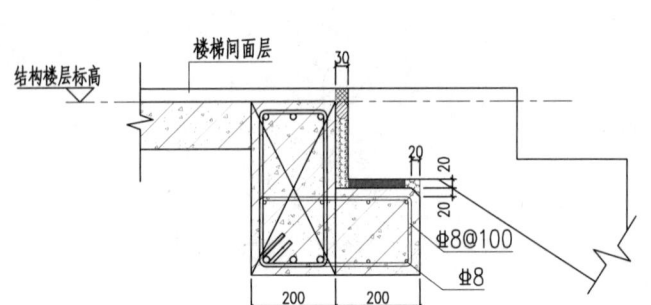

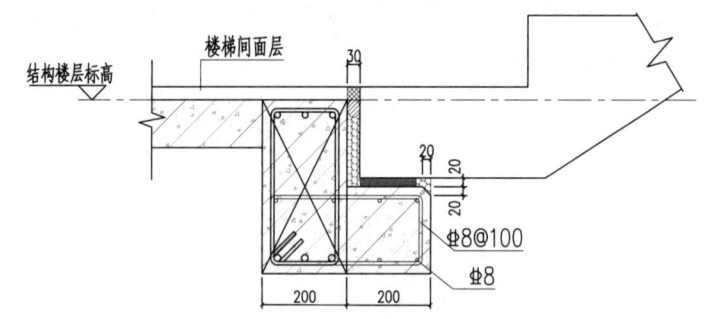

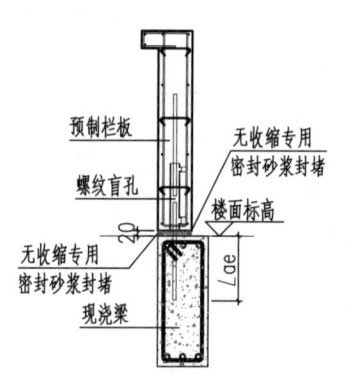
预制栏板与梁竖向连接

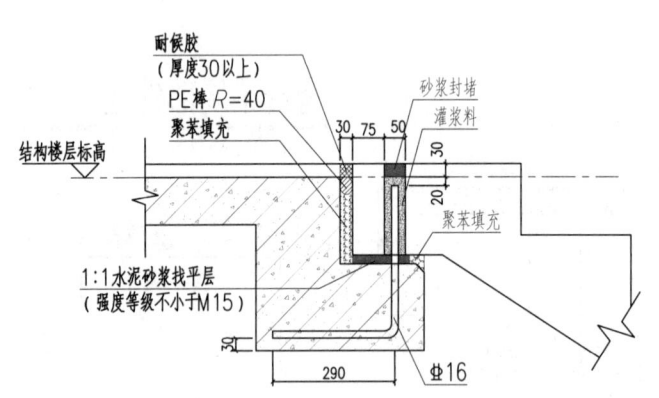
楼梯固定铰端安装节点大样

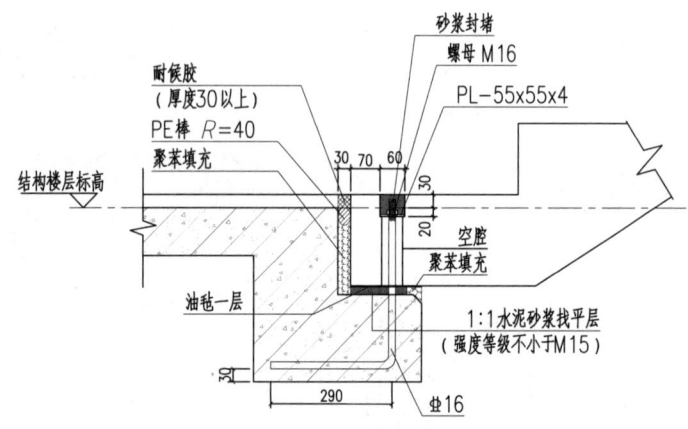
楼梯滑动铰端安装节点大样

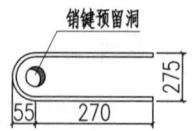
楼梯板销键预留洞加强钢筋图

节点构造（五）

图集号 2022 沪 J113

页码 106